五星红旗迎风飘扬

海 战 双 剑

驱逐舰、护卫舰

邰丰顺 著

陕西新华出版传媒集团

未 来 出 版 社

图书在版编目（CIP）数据

海战双剑：驱逐舰、护卫舰 / 邰丰顺著. –– 西安：
未来出版社，2017.12（2018.10重印）
（五星红旗迎风飘扬·大国利器）
ISBN 978-7-5417-6288-8

Ⅰ.①海… Ⅱ.①邰… Ⅲ.①驱逐舰 – 青少年读物②
护卫舰 – 青少年读物 Ⅳ.①E925.6-49

中国版本图书馆CIP数据核字（2017）第274447号

五星红旗迎风飘扬·大国利器

海战双剑：驱逐舰、护卫舰

邰丰顺 著

选题策划	陆 军 王小莉
责任编辑	周 苗
封面设计	屈 昊
美术编辑	许 歌
出版发行	未来出版社（西安市丰庆路91号）
排　　版	陕西省岐山彩色印刷厂
印　　刷	陕西安康天宝实业有限公司
开　　本	710mm×1000mm　1/16
印　　张	17.25
版　　次	2018年2月第1版
印　　次	2018年10月第2次印刷
书　　号	ISBN 978-7-5417-6288-8
定　　价	49.80元

目录

海战双剑:驱逐舰、护卫舰

前　言

　　相传人类在距今5000年前的新石器时代就已经在浩瀚的大洋上开始了航海活动。原始人类航行在水上的船只是用随处可见的树木掏出一个洞来，随便找些树枝在水中滑动，以此推动船在水中前进。只不过这种所谓的"船"自身航行安全都很难保证，更不要说用于军事用途了。但随着人类智慧及技术手段的进步。借助自然风力推动船只前行的风帆、人力驱动的木桨以及控制船只稳定航行的尾桨等航海技术手段纷纷出现在船只上，再加上抛射型（弓箭，投石机等）作战武器的加入，人类开始有了用于作战用途的军舰。不过当时军舰上武器的杀伤力十分有限，很难做到将另外一艘军舰击毁或者击沉。通常海战的模式是先运用抛射武器杀伤敌方军舰上的划桨手或者士兵，随后己方军舰划桨手快速划桨，让己方军舰高速撞击敌方军舰，然后己方舰上的士兵跳上敌舰，以短兵相接的"肉搏战"来消灭敌舰上的士兵，取得最后的胜利。然而随着人类工业化程度的加速，大口径的火炮取代了投石机和弓箭，蒸汽发动机取代了风帆和人力驱动的木桨，防护性更好的金属材料船体取代了木质船体。

　　到19世纪60年代，一种名为"战列舰"的大吨位（20000—40000吨）战舰出现在各海军强国。这种军舰是一种装备有大口径火炮与厚重装甲的大型海军作战舰艇，一度成为海战的主力战斗舰而主宰了海战的战场。不过，随着搭载有作战飞机的航空母舰出现，作为主力舰的战列舰在20世纪50年代失去了主宰海战的能力，至20世纪90年代便被航空母舰全部取代。与此同时，为保护战列舰及航空母舰编队的航行安全，具有较高航速和远洋机动作战能力的巡洋舰，也因为其高昂的建造及维护成本，开始退出各个国家的海军序列。目前除了美俄等少数几国还保留有巡洋舰外，其他国家已不再拥有服役的巡洋舰，并且这几个国家也没有新研制巡洋舰的计划。

20世纪50年代后，搭载有反舰导弹、防空导弹的驱逐舰及护卫舰因具有更好的经济性、更全面的作战能力，迅速接替了由战列舰和巡洋舰退役后留出来的海上力量空白，成为各国海军海上主要作战力量。并且随着技术的进步，大型化、隐形化、模块化的新一代驱护舰（驱逐舰及护卫舰）纷纷加入各国海军，成为名副其实的"海上利剑"。

本书将从驱护舰出现的历史契机及当今世界上具有代表性的驱护舰为切入点，深入介绍世界各国目前驱护舰的发展现状。同时，新中国成立后驱护舰的发展历程也是本书介绍的重点，并且详细介绍了从20世纪50年代开始发展至今的每一型驱护舰。

第1章 "双剑"之身世

1.1 被"炸"出来的"鱼雷艇捕捉舰"

现代海上强国的作战核心驱逐舰是以导弹、鱼雷、舰炮等为主要武器，具有多种作战能力的中型军舰。它是海军舰队中突击力较强的舰种之一，用于攻击潜艇和水面舰船，舰队防空以及护航、侦察、巡逻、警戒、布雷、袭击岸上目标等。

不过对于大多数人来说，驱逐舰这一舰种既熟悉又陌生。熟悉之处在于，从字面上来看，驱逐舰应该就是以驱逐敌方舰艇，保卫我方领海完整、海上安全和远洋权益的一种水面作战舰只。陌生之处在于驱逐舰的诞生和发展其实是和大家所熟知的一种水中兵器——鱼雷有着极大的关系。

在距今大约150年前的19世纪60年代，出现了一种水雷艇。在小艇的船头部位，以长撑竿装上水雷，把它伸到水中。当撑竿上的水雷撞到敌舰时就会爆炸，从而把敌舰炸毁。美国南北战争中，就曾出现过水雷艇用撑竿水雷击沉对方装甲舰的例子。后来出现了另一种水雷艇，把浮在水面上的炸药包，用绳索拖在小艇后面。水雷艇围着敌方舰船绕行，利用水流力量使"拖带雷"向敌舰靠近，撞击敌舰引起爆炸。然而，无论是"撑竿水雷"或者"拖带雷"，均不能主动地攻击敌舰，而且作用距离有限，即使袭击得手，对

"撑杆水雷"

自身的船体安全也很不利。如何能在较远距离上，安全地从水下攻击敌舰一直困扰着人们。

1864年，随着工业制造水平的进步，奥匈帝国海军的卢庇乌斯舰长把发动机装在了撑杆雷上，利用高压容器中的压缩空气推动发动机活塞工作，带动螺旋桨使雷体在水中潜行攻击敌舰，这就成了鱼雷的雏形。但是由于航速低、航程短、控制不灵等诸多原因，他的发明并未在实际作战中投入使用。

1866年，奥匈帝国曾经参与上述研制工作的一位英国工程师罗伯特·怀特海德，在借鉴了卢庇乌斯的发明的同时，利用压缩空气发动机带动单个螺旋桨推进，通过液压阀操纵其尾部的水平舵板控制航行深度。因为其外形酷似一条大鱼，因而被称为鱼雷，并且根据怀特海德的名字而被命名为"白头鱼雷"（"怀特海德"的意译为"白头"）。不过，当时鱼雷的航速仅仅有11千米／小时，射程也仅有180—640米，而且鱼雷的航行方向也无法很好地控制。而与卢庇乌斯和怀特海德同时期的俄国的发明家亚历山德罗夫斯基也研制出了类似的鱼雷装置。

英国工程师罗伯特·怀特海德

鱼雷出现后，为了更好地发挥它的威力，将鱼雷装在小艇上，用来发射，这样便诞生了鱼雷艇。鱼雷艇艇体小、速度快，所以作战威力大，能给对方大型战斗舰艇造成很大威胁。

1887年1月13日，俄国战舰向土耳其"因蒂巴赫号"通信船发射了鱼雷，将其击沉。这被认为是海战史上第一次用鱼雷击沉战舰的战例，顿时令世界海军为之瞩目。许多国家海军认为，鱼雷个头虽小，但威力不凡，排水量很大的主力战舰不一定是它的对手。如果大型战舰遭到鱼雷快艇袭击，后果可能很惨重。这对于当时的各国海军来说，是一个不得不认真思考的难题。毕竟，大型战舰造价昂贵，而且是舰队战斗力的核心。一旦大型战舰遭到小小的鱼雷快艇袭击，整个舰队的作战实力就会受到很大的削弱，影响战局的进程。因此，一些海上强国不得不开始考虑如何对付鱼雷快艇的问题。

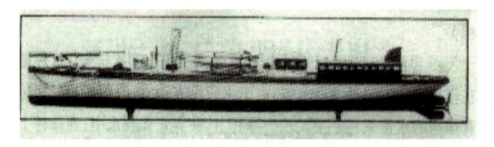

世界上第一艘鱼雷艇"闪电号"

按照当时的技术水平，英国海军的解决办法是，建造一种"鱼雷撞角"装甲舰，让它能以和鱼雷艇相同或更快的速度与之进行追逐，用火炮击沉鱼雷艇或者用安装有加固的舰艏撞角进行撞击。同时舰上搭载的鱼雷也可以击沉其他敌舰，这也就是驱逐舰的概念雏形。不过该舰还未正式定名为"驱逐舰"，而是叫作"鱼雷艇捕捉舰"。这种舰艇由英国著名造船师塞缪尔·怀特自费设计和建造。第一艘建造下水的该型"鱼雷艇捕捉舰"被命名为"迅速号"，当时的英国海军仍旧将其归入鱼雷艇范畴。它比当时建造的鱼雷艇长7.6米（约25英尺），不过它的航速较慢，但它的新型艇尾给予它较大的武器布置空间和航行机动性。该艇可安装当时的重型武备，即6座47毫米速射炮和3具鱼雷发射管。"迅速号"标志着新型作战舰艇——驱逐舰的诞生。

随后，英国海军部不失时机地在1892年6月27日订购了4艘舰，其中2艘由亚罗公司建造，另外2艘由桑尼克罗夫特公司建造。当时，正式的舰名仍然称为"鱼雷艇捕捉舰"，但在1892年8月8日第一次在官方的通信中出现了"鱼雷艇驱逐舰"这一用语，这标志着"驱逐舰"这一名称的开始。这一术语的更早出现是在19世纪80年代，但从未正式使用过。自此以后，"鱼雷艇驱逐舰"就作为新型军舰的专有名词使用了，通常缩写为TBD（Torpedo Boat Destroyer）。这种驱逐舰的排水量是鱼雷艇的两倍，航速也比鱼雷艇快得多（开始是27节，到了1907年是36节）。因为这种舰吨位较大，所以它的适航性较好，不但安装了火炮，还安装了鱼雷发射管。由此不难看出，驱逐舰本身就是一种可靠的鱼雷艇。它能够在除大风浪以外的海情下随舰队一起出航，能以高速去应对敌人的鱼雷艇或鱼雷驱逐舰，并能使用鱼雷去攻击敌人的重型战舰。它还可以起到护航和掩护的作用，而其排水量比轻型巡洋舰要小得多，因此航速很快，操纵性也好，舰员少，造价低。所以，驱逐舰立即变成了一种多用途军舰，就像老式护卫舰那样。并且相较于老式的护卫舰，驱逐舰舰载的鱼雷和火炮所造成的破坏力却要大得多。它能够担当侦察、舰队勤务、舰队扫雷等辅助作战任务。

1894年的英国"哈沃克号"驱逐舰

到1900年的时候，英国海军已经部署了100多艘新型驱逐舰。不仅如此，英国海军不忘利用新兵器大赚一把，向西班牙等一些国家海军出售驱逐舰。这样，驱逐舰开始走向世界。于是，"驱逐舰"这个词也逐渐出现在世界各国海军水面舰艇的名单上。当鱼雷驱逐舰在海军舞台上出现时，第一代的小型鱼雷艇很快就消失了，因为驱逐舰的排水量比鱼雷艇要大得多，航速也不相上下，并且安装的火炮使第一代小型鱼雷艇在驱逐舰面前毫无优势可言。

早期的鱼雷快艇

1.2 不断"增肥"的驱逐舰

20世纪初，其他国家海军中也陆续出现驱逐舰。各国对驱逐舰有着不同的称呼，有的叫它"驱击舰"，有的称它"雷击舰"，还有其他名称。不管怎样称呼，驱逐舰成为一种新的舰种，已经出现在海战舞台上。

在第一次世界大战中，驱逐舰携带鱼雷和水雷，频繁进行舰队警戒、布雷以及保护补给线的行动，并装备扫雷工具作为扫雷舰艇使用，甚至直接支援两栖登陆作战。1914年英、德两军发生的赫尔戈兰湾海战，可以看作是驱逐舰首次在大规模战斗中发挥重要作用。驱逐舰已由执行辅助任务的小型舰艇演变成舰队不可缺少的重要力量。

在20世纪20年代，随着驱逐舰舰载武器的不断增加、用途逐步增多，各国海军的驱逐舰尺度不断增大，作战战法日益完善。英国按字母顺序命名9级驱逐舰（A级至I级）；法国的"美洲虎"级驱逐舰以及后续建造的"空想"级驱逐舰，标准排水量超过2000吨，甚至达到2500吨，因此被称为"反驱逐舰驱逐舰"。

20世纪30年代签订的《伦敦海军条约》一度对缔约国——美国、英国、日本的驱逐舰排水量做出限制。1936年该条约到期，各国海军又开始建造比以前更大、武备更强的驱逐舰，排水量接近或超过2000吨。

以日本的特型驱逐舰——"吹雪"级驱逐舰为例，该型驱逐舰及其改进型号是这一阶段驱逐舰的典型代表。尤其是改进型的"吹雪"级驱逐舰，其127毫米火炮由A型改为B型，这种火炮既可以平射又可以对空射击，对空射击仰角可达到70度，它成了当时世界上第一座具有对海对空两种功能的舰炮，并且火炮的炮塔部分完全是密封式的，因而不仅可以防风雨而且也是气密的。1935年，经过进一步改进的"吹雪"级驱逐舰采用了新的93型"长矛"鱼雷。这种大型鱼雷由液态氧进行驱动，与原来90型压缩空气鱼雷相比，其燃料的热效率更高，使鱼雷有更高的速度和续航力。英美海军常用的533毫米鱼雷以30—32节航速航行时，航程为8000—10000米。而日本海军的"长矛"型鱼雷在以36节的航速航行时，航程达40000米，为533毫米鱼雷航程的4倍；当它以42节速度航行时可航行30000米；即使以49节最高航速航行时，航程也可达到15000—20000米，是533毫米鱼雷航程的2倍多。由于"长矛"鱼雷采用液氧为动力，航行中产生的氧气很容易在水中溶解，所以它没有尾流航迹，使敌方难以发现，难以躲避其攻击。不仅如此，"长矛"鱼雷的装药量很大，破坏力也非同寻常，一枚鱼雷便能击沉一艘巡洋舰。除了发射管中的鱼雷外，改进型的"吹雪"级驱逐舰上还存有9枚备用鱼雷，使得该级舰具备了再次装填鱼雷的能力。

技术上的优势促进了战术上的相应发展。第一种战术是：在火炮射击之前就可以进行第一次鱼雷发射，在火炮开始射击后进行第二次鱼雷装填

日本"吹雪"级驱逐舰

和发射，因此在战斗中就会拥有比其他驱逐舰更大的攻击力；另一种战术就是：在发射完第一批齐射的鱼雷之后，利用烟幕的掩护一边高速撤退一边重新装填鱼雷，待敌舰追击上来时，再杀一个"回马枪"，用鱼雷再次给敌以迎头痛击。

日本"吹雪"级驱逐舰的问世，震动了太平洋对岸的美国。作为对日本驱逐舰的回应，美国海军于1933年订购了8艘大型的"波特"级驱逐舰。该级舰的尺度与日本海军的"吹雪"级相当，但排水量却比"吹雪"级的大。美国设计师以牺牲鱼雷发射管数量为代价，在该级舰上安装了4座双联装127毫米火炮。这种火炮类似于日本的A型127毫米火炮，但没有足够的仰角对付飞机，只能平射。防空火力只好

正在发射中的日本"长矛"鱼雷

由两座四联装28毫米火炮来提供。为了充分发挥127毫米火炮的作用，在舰艏和舰艉安装的两部射击指挥仪，使得火炮的射击精度和效能有了很大的提高，在这一点上美国的驱逐舰显得技高一筹。在以后发展的驱逐舰中又逐步增加了鱼雷发射管的数量，例如"马汉"级驱逐舰装备了3座四联装533毫米鱼雷发射管，1934年制造的"格里德利"级则将鱼雷发射管增至4座。

美国"马汉"级驱逐舰

与此同时，英国"部族"级驱逐舰、美国的"本森"级驱逐舰、日本的"阳炎"级驱逐舰、德国Z型驱逐舰，也是这一时期驱逐舰的典型代表。各国海军在不断发展驱逐舰的同时，也都非常注重驱逐舰的战术训练。这种训练通常与其他战舰一道进行。这一时期的驱逐舰集群攻击的战法风行一时：驱逐舰排成队列向敌方战舰编队全速前进，利用烟幕掩护防止敌方鱼雷和火炮的攻击。由于驱逐舰相对战列舰和巡洋舰来说舰体较小，因而在雷达出现之前，用烟幕掩护还是十分有效的。驱逐舰施放烟幕有两种方法：一种是在舰艉投放氯磺酸发烟罐，另一种是在锅炉炉膛放油气混合物。

第二次世界大战中没有任何一种海军战斗舰艇用途比驱逐舰更加广泛。战争期间的严重损耗使驱逐舰不断的被大批建造，英国利用"J"级驱逐舰的基本设计不断改进建造了14批驱逐舰，美国建造了113艘"弗莱彻"级驱逐舰。在战争期间，驱逐舰成为名副其实的"海上多面手"。由于飞机已经成为重要的海上突击力量，驱逐舰装备了大量小口径高炮担当舰队防空警戒和雷达哨舰的任务，因此加强防空火力的驱逐舰出现了，例如日本的"秋月"级驱逐舰、英国的"战斗"级驱逐舰。针对潜艇的威胁，旧的驱逐舰经过改造投入到反潜和护航作战当中。以英国"狩猎"级护航驱逐舰为代表的护航驱逐舰被大批建造。

　　由此可见，驱逐舰这一作战舰种在第二次世界大战中得到了充分的发展，其日趋"肥硕"的舰体为搭载当时科技水平最高的武器装备、电子雷达探测装置、反潜探测系统等设备提供了可能性。波澜壮阔的两次世界大战中各大海战战场，都有驱逐舰的身影，这不仅为其施展自己的实力提供了舞台，也使得各海军强国的驱逐舰战术能力得到了空前的提高。从技术和战术上奠定了驱逐舰在战后异军突起，取代战列舰和巡洋舰等主力战舰，成为海上主要作战力量的基础。

美国"弗莱彻"级驱逐舰

1.3 多样化发展的现代驱逐舰

第二次世界大战结束后，随着航空技术的发展和导弹火箭等先进武器装备的不断问世，防空反潜作战上升为驱逐舰主要任务，原先作为舰艇作战武器的鱼雷也能被用于反潜作战。既能执行对陆对海轰击，又能执行防空任务的火炮成为驱逐舰的标准装备，而且驱逐舰的排水量更是继续不断地加大。20世纪50年代美国建造的"薛尔曼"级驱逐舰以及超大型的"诺福克"级驱逐舰（被称为"驱逐领舰"）便体现了这种趋势。

20世纪60年代以来，随着飞机与潜艇性能提升以及导弹逐渐被应用，防空导弹、反潜导弹逐步被安装到驱逐舰上，舰载火炮不断减少并且更加轻巧。燃气轮机开始取代蒸汽轮机作为驱逐舰的动力装置。为搭载反潜直升机而设置的机库和飞行甲板也被安装到驱逐舰上。同时，为控制导弹武器以及无线电对抗的需要，驱逐舰安装了越来越多的电子设备。例如美国的"亚当斯"级驱逐舰，英国的"郡"级驱逐舰，苏联的"卡辛"级驱逐舰，已经演变成耗费颇多的多用途导弹驱逐舰。

20世纪70年代后，作战信息控制以及指挥自动化系统，灵活配置的导弹垂直发射装置，用来防御反舰导弹的小口径速射炮，都开始出现在驱逐舰上。驱逐舰越发复杂而昂贵了。而当时英国似乎想另辟蹊径，试图降低驱逐舰越来越大的排水量以及造价。在将4艘单价3000万英镑的82型导弹驱逐舰削减至1艘的同时，上马了既能用于海上编队区域防空，同时又有反潜和对海作战能力的"谢菲尔德"级导弹驱逐舰（42型）。不过，这一想法在英阿马岛战争中被证明是个错误。由于在建造该级舰时，为了增加武器和电子设备，简化了"谢菲尔德"级驱逐舰的壳体结构，采用了薄壳型舰体，导致被击中后容易受热起火。在马岛战争中参战的3艘"谢

被"飞鱼"反舰导弹命中的"谢菲尔德号"导弹驱逐舰

即将沉没的"考文垂号"导弹驱逐舰

菲尔德"级驱逐舰，被阿根廷用从法国引进的"飞鱼"反舰导弹和A-4"天鹰"攻击机投掷的4枚450千克炸弹击沉2艘。马岛战争中"谢菲尔德"级驱逐舰被击沉，这也引起了各国海军对舰艇海上防空安全的重视。

而与此同时，美国的"斯普鲁恩斯"级驱逐舰、苏联的"现代"级驱逐舰和"无畏"级驱逐舰则继续向大型化方向发展，驱逐舰舰体越来越宽，稳定性也大大提高。它们的标准排水量均超过6000吨，这已经接近第二次世界大战中的轻巡洋舰。甚至在第一种采用模块化设计的"斯普鲁恩斯"级驱逐舰的舰体基础上，美国海军发展了世界上第一种带有"宙斯盾"作战系统的"提康德罗加"级导弹巡洋舰。

20世纪80年代后，驱逐舰排水量趋向于大型化，采用大小燃气轮机交替动力或者燃气轮机和柴油轮机交替的动力装置，驱逐舰的静音性、高速性和经济性都取得了良好的使用效果。同时，普遍装备导弹垂直发射系统，反导弹防御系统，以及具有反潜、反舰、空中预警等多用途的直升机系统；进一步加强对空、对海、对潜的搜索、跟踪和处理的能力，完善作战指挥和武器控制自动化系统，强化电子对抗系统，提高抗击制导武器和电子对抗能力，以及应对威胁时的快速反应能力；进一步改善适航性、居住性，增大续航力；采用隐身技术，降低可探测性，提高生存能力，增强远洋作战活动能力。随着海军装备技术的迅速发展，驱逐舰由于其作战能力强，用途广泛，在各国海军中持续占有重要的地位。

1991 年，美国的"阿利·伯克"级导弹驱逐舰服役。它采用了模块化设计，具备一定的隐身性能及防核生化武器袭击的能力，还装备了"宙斯盾"作战系统，一经问世就引领了世界潮流。"阿利·伯克"级导弹驱逐舰满载排水量超过9000吨，最大航速32节。装备有导弹垂直发射系统，可装载和发射"标准"舰空导弹、"阿斯洛克"反潜导弹、"战斧"巡航导弹等。其中"战斧"巡航导弹对岸型可以精确地攻击距离发射阵地2500千米远的陆上预选固定目标，该型巡航导弹还可选择携带常规弹头或核弹头。反舰型"战斧"巡航导弹的射程可达460千米。该型舰装备的"宙斯盾"指挥控制系统，可同时高速搜索、跟踪、处理和拦截从不同方向飞临的10多架（枚）飞机（导弹）。"阿利·伯克"级导弹驱逐舰还装有增大舱室内空

美国"阿利·伯克"级导弹驱逐舰

气压力的设备，具有防核、防化学和防生物武器袭击的能力。

1994年，俄罗斯建成"无畏"级导弹驱逐舰的改进型"恰巴年科海军上将号"，排水量增至8900吨，主要武器装备有8座"日炙"SS-N-22型超音速反舰导弹发射装置；8个短程SA-N-9型对空导弹垂直发射井；两座四联装533毫米鱼雷发射管，可发射射程达50千米的SS-N-15反潜导弹；1座双联装130毫米舰炮，以及反潜火箭深弹发射装置等。还可携载2架反潜直升机。

进入21世纪后，装备相控阵雷达，具备极强的海上区域防空能力、对陆攻击能力和反弹道导弹能力的导弹驱逐舰成了潮流。在原先"阿利·伯克"级导弹驱逐舰I型和II型的基础上进行了一系列升级换代的"阿利·伯克"FLIGHT II A型驱逐舰横空出世。它在舰型、动力装置等方面与II舰相比并无大的不同，但在舰艇结构和配置、电子设备和武器系统的重新安排等方面都做了重要改进。韩国则在美国的帮助下，建造了装备有"宙斯盾"作战系统的KDX-III型"世宗大王号"驱逐舰，该型舰不仅是专属的防空驱逐舰，该雷达还有探测和拦截弹道导弹的能力。而日本则在90年代引进"阿利·伯克"级导弹驱逐舰技术的基础上建造了"金刚"级导弹驱逐舰，而它的升级型号"爱宕"级驱逐舰也在2005年后陆续建

两块平板是"宙斯盾"系统SPY-1相控阵雷达

造。英国下水的"勇敢"（45型）级导弹驱逐舰则是世界上第一艘采用了集成电力推进系统的导弹驱逐舰。

21世纪的第

一个10年，美国更是推出了外形具有科幻色彩的"朱姆沃尔特"导弹驱逐舰。该级舰是美国海军正在建造的新一代多用途对地打击为主的驱逐舰。

外形颇具科幻色彩的"朱姆沃尔特"导弹驱逐舰

身为美国海军的新时代主力水面舰艇，本级舰舰体设计、电机动力、指管通情、网络通信、侦测导航、武器系统等，无一不是超越当代、全新研发的尖端科技结晶，展现了美国海军的科技实力和财力的雄厚以及其独特的设计思想。

这一时期的驱逐舰是以美国为代表的,侧重于为航空母舰编队提供护航、区域防空、反潜和对陆打击为主的装备,对空、对潜、反舰和对陆攻击巡航导弹的通用型导弹驱逐舰。俄罗斯则把驱逐舰作为攻击水面舰艇以及后勤运输和保障船只的海上力量。因而,俄罗斯种类繁多的舰舰导弹是驱逐舰的主要装备,反潜和防空能力只是从自我防护的角度出发而进行的配备。

虽然各个大国各型驱逐舰的发展理念不同,但殊途同归的是,当代驱逐舰已经完全替代了战列舰和巡洋舰等传统意义的海上主力战舰,成为能担负独立海上作战任务的舰只。随着高新技术的不断发展,各种电子探测设备、航行导航设备等不断安装上舰,使得这一时期的驱逐舰航行能力和应对各种威胁的能力有了大幅提高。世界上的热点地区它都能够轻松抵达,并且快速掌握区域内的海空控制权。各种先进型号的反舰导弹、反潜导弹、防空导弹和巡航导弹的入役又使得驱逐舰的打击能力、威慑能力达到了一个前所未有的高度。一艘航行的驱逐舰就是一个搭载有100余枚先

第1章 "双翼"之身世

进导弹的海上发射平台。美国、日本和韩国的导弹驱逐舰更是开始追求拦截战区弹道导弹的能力。在可以想见的未来，驱逐舰的作战能力只会随着技术的发展更为强大。诸如电磁火炮、高能激光拦截武器等高技术装备也将越来越多的安装在驱逐舰上。

1.4 护卫舰的"前世今生"

护卫舰顾名思义，它的主要使命是用于舰队的护航、反潜、巡逻、警戒、侦察及支援两栖登陆作战等。自古以来，在海战或航行中，战舰编队或商船队，为了安全起见，都必须指定一些轻型快速战船为其护航、巡逻和警戒。在古代海军中，虽然没有出现专门用于护航的护卫舰这一舰种，但能执行护航任务的战舰是很多的。"护卫舰"这一名称的出现还是帆船时代晚期的事，当时一般把速度快并且有远航能力的军舰称为护卫舰。可以说护卫舰也算一个历史悠久的舰种。

三桅武装船

16—17世纪，西班牙、葡萄牙等国把轻快的三桅武装船称为护卫舰。18世纪40年代，法国建造双层甲板全帆装三桅护卫舰。1756年，英国海军委员会批准建造一型新舰，它的排水量671吨，主甲板上安

装 26 门 12 磅炮。后甲板安装 4 门 6 磅炮，前甲板安装 2 门 6 磅炮。该舰于 1757 年 5 月下水，这艘具有第一流风帆战舰性能的战舰被命名为"南安普敦号"，它是英国建造的第一艘在其前后甲板都装大炮的军舰，具备后来护卫舰的固定模式。因此，"南安普敦号"被认为是英国造的第一艘真正的护卫舰。1779 年 9 月，英国海军大臣下达了第一份关于确认 38 门炮级护卫舰的命令，标志着护卫舰正式以一个英国军舰级别的面貌出现在皇家海军舰队。此后，护卫舰成为英国皇家海军一个主要的舰种而不断发展。

19 世纪中叶，随着工业革命的推进，护卫舰也开始采用蒸汽机主动力装置或蒸汽机与风帆并用，船体逐渐变大。19 世纪末期以前，战舰按照大小区分为远洋舰、护卫舰和小型护卫舰，其中有的后来发展成巡洋舰和远洋炮舰。

1904—1905 年的日俄战争中，日本舰艇曾多次闯入旅顺口俄国海军基地，对俄国舰艇进行了多次鱼雷、炮火袭击，并布放水雷，用沉船来堵塞港口，限制俄国舰队的行动。起初俄舰队巡逻、警戒港湾的任务由驱逐舰担任，可是驱逐舰数量少，并且驱逐舰本身还承担其他任务，而改装的民用船战术、技术性能又很差。于是在日俄战争后，俄国建造了世界上第一批专用护卫舰。最初的护卫舰排水量小，只有 400—600 吨，火力弱，抗风浪性差，航速低，只适合在近海活动。

第一次世界大战期间，英国、法国、俄国和美国等国，为保护其海上交通线的安全，应对德国潜艇的威胁，曾大量建造小型护卫舰，它们的排水量一般在 1000—1400 吨，航速 16—18 节，远航性能有了较好的提升。

第二次世界大战爆发后，根据美英两国协议，美国向英国提供 50 艘旧驱逐舰用于应急护航，同时开始建造新的护航驱逐舰，这标志着现代护卫舰的诞生。著名的护航驱逐舰有英国的"狩猎者"级及美国的"埃瓦茨"级、"巴克利"级和"拉德罗"级。意大利和日本在战争中也建造了一批护

"巴克利"级护航驱逐舰

航驱逐舰。仅英国在1940年就有几百艘护卫舰服役，主要在大西洋上为运输船队护航警戒。战争期间各参战国的护卫舰总建造数量达到2000余艘。这一时期护卫舰的反潜、防空武器有所加强，排水量达1500吨左右，航速18—24节。

第二次世界大战结束后，美、英处理了战争中存留的大量护卫舰，因此，战后护卫舰的发展有所停滞。20世纪50年代由于潜艇、导弹和飞机迅速发展，各国出于护航、警戒需要，又开始建造新型护卫舰，护卫舰又迎来了新的发展高峰。

英国在第二次世界大战后建造的护卫舰，分别是61型飞机指挥护卫舰，41型防空护卫舰及11型反潜护卫舰。1952年1月，第一艘61型护卫舰"索尔兹伯里号"开工。1953年3月，第1艘41型防空护卫舰"豹号"

61型护卫舰

也开工了。61 型与 41 型护卫舰最大航速只有 25 节，因此，英国海军决定提高新护卫舰 11 型的航速，弃用原有的柴油动力装置，改用蒸汽涡轮发动机，使护卫舰最高航速达到了 30 节。英国海军将改进后的 11 型命名为 12 型。1960 年，12 型首舰"罗思赛号"开始服役，共建成 4 艘。该级舰长 112.8 米，宽 12.5 米，吃水 5.3 米，排水量为 2800 吨，以 15 节航速巡航时的续航力为 4000 海里，舰员 235 员，主要武器装备有两门 114 毫米舰炮，两座反潜鱼雷发射装置。

总的来说，不论是 61 型、41 型，还是 12 型，其实都是一个级别的护卫舰，只是分工不一样，概况基本一致。鉴于三种护卫舰过分浪费物力和财力，设计者又提出一种新型的设计理念，就是将这三种舰的不同功能集于一舰。在这种设计理念的指导下，设计者于 1957 年 12 月推出了 81 型护卫舰，亦称"部族"级护卫舰。81 型护卫舰是战后英国舰船装备导弹化的开始，也是首次采用燃气涡轮动力的英国舰只。

81 型护卫舰队的作战宗旨是以海外服勤为主，但后来英国海军认为其配备的武器不足，无力担负舰队护航任务。于是设计者又对其进行了一系列改进，改进后的护卫舰称"利安德"级护卫舰。1963 年该级舰首舰服役，共建造两型 26 艘。该级舰长 113.4 米，宽 12.5 米，吃水 5.5 米，满载排水量 3200 吨，最大航速 30 节，舰员 223 名，以 15 节航速巡航时续航力为 4000 海里。主要的武器装备有四联装的"海猫"防空导弹发射架 2 座、40 毫米的速射炮 2 门以及"伊卡拉"反潜火

"里加"级护卫舰

箭发射器1座。

苏联在20世纪50年代至60年代建造了"里加"级、"别佳"级和"米尔卡"级三型共100余艘常规轻型护卫舰，担负以对海、反潜为主的近海警戒任务，并出口许多第三世界国家。

美国于1962年开始建造第一代导弹护卫舰"布鲁克"级，作为作战编队的护航、警戒兵力，满载排水量3426吨，最高航速27节。配备有"鞑靼人／标准"型中程舰空导弹发射装置1座，八联装反潜导弹发射装置1座，三联装反潜鱼雷发射管2座和反潜直升机1架。为了担负反潜、护航任务，弥补反潜驱逐舰的不足，美国在1965—1974年期间，建造"诺克斯"级导弹护卫舰46艘。满载排水量3963吨，最高航速27节，配备有八联装"海麻雀"型舰空导弹发射装置1座，四联装"鱼叉"型舰舰导弹发射装置2座，八联装反潜导弹发射装置1座，反潜鱼雷发射管4具，反潜直升机1架。

"布鲁克"级导弹护卫舰

20世纪70年代以后，美、苏、英等国纷纷设计建造装有各种现代武器的远洋护卫舰，排水量和战术技术性能接近驱逐舰，是驱逐舰的重要补充力量。

苏联从1970年开始建造远洋反潜型导弹护卫舰"克里瓦克"级，先后有Ⅰ、Ⅱ、Ⅲ三个型号，排水量3900吨，最高航速32节。Ⅰ型装备有双联装76毫米舰炮2座，四联装反潜导弹发射装置1座，四联装鱼雷发射管2座，多管火箭深弹发射装置2座。Ⅱ型装备有100

"克里瓦克"级导弹护卫舰

毫米舰炮2门，四联装反潜导弹发射装置1座，四联装鱼雷发射管2座，多管火箭深弹发射装置2座。Ⅲ型1984年出现，装备有SA-N-4型双联装近程舰空导弹发射装置1座，四联装鱼雷发射管2座，100毫米舰炮1门，6管30毫米舰炮2座，12管火箭深弹发射装置2座和"卡-27"反潜直升机1架。

美国1977年建成"佩里"级导弹护卫舰，排水量3638吨，最高航速29节。主要装备有单管76毫米舰炮1门，6管20毫米舰炮"密集阵"近程武器系统1座，对空／对海导弹发射装置1座，三联装鱼雷发射管2座，中型反潜直升机2架，以及舰壳式和拖曳线列阵式声呐等先进电子设备。在建造过程中性能不断改进，满载排水量增至4100吨。至1989年该级舰已建成51艘，成为20世纪90年代美国护卫舰的主力。

英国的22型护卫舰亦称"大刀"级，用于替代老旧的

"佩里"级导弹护卫舰

"利安德"级护卫舰，设计工作到20世纪70年代基本完成。22型的作用是为舰队提供持久的反潜作战能力，以及一定程度的多用途功能。1975年2月首舰开工，1979年开始服役。22型护卫舰与之前建造的护卫舰相比有很大的不同，它取消了大口径舰炮，因而被称为"全导弹式无主炮的反潜护卫舰"，共建造三型14艘。其中A型舰长131.2米，宽14.8米，吃水6米，满载排水量4400吨，最高航速30节，舰员220名，主要武器装备六联装"海狼"防空导弹发射装置2座、"飞鱼"反舰导弹4枚、三联装324毫米反潜鱼雷发射装置2座、舰载"山猫"反潜直升机2架；B型舰体加长至143.6米，排水量增至4800吨，舰员为273名，舰载"山猫"反潜直升机改为更大的"海王"反潜直升机；C型是在吸取舰队被阿根廷空军攻击的惨痛教训之后建造的，增设了114毫米火炮、一门荷兰"守门员"近程防空火炮，并改进了动力系统，排水量增至4900吨，超过一般驱逐舰的吨位，创下当时世界导弹护卫舰吨位的新纪录。为加强反舰能力，C型以美制射程130千米的"鱼叉"反舰导弹替代了射程40千米的法制"飞鱼"反舰导弹，开创了英国军舰使用"鱼叉"反舰导弹的新局面。1982年爆发的英阿战争对英国护卫舰的建设与发展产生了重大的影响，血的教训让英国人认识到反潜护卫舰不但要有强大的反潜武器，还必须有强大的防空能力。在这种新的思想指导下，23型护卫舰应运而生。

23型亦称"公爵"级护卫舰。它的诞生创造了英国海军装备史上的许多第一：首先，它是世界上最先采用电力和燃气轮机

22型"大刀"级护卫舰

联合动力推进系统的战舰。同时，由全舰控制中心集中控制，从而使舰员大幅减少，舰员居住条件因此得到很大改善。其次，23型是世界上最早采用隐身技术的护卫舰之一。再次，它是第一种采用舰艏声呐的英国军舰。以往的英国军舰均使用舰壳声呐。舰上使用

23型"公爵"级护卫舰

的"鱼叉"直升机着舰系统，也是英国军舰上首次采用。此外，23型一改以往英国军舰在上层建筑常采用的易燃物和铝合金，而采用高强度、耐高温的优质钢材料，对指挥室、动力系统、弹药库等重要部位还加上了复合装甲防护，以提高军舰的生存能力。这些"第一"使"公爵"级护卫舰被公认为当时世界先进导弹护卫舰之一。32单元的"海狼"防空导弹垂直发射系统是其最大的特色，也使得23型护卫舰成为世界上最先装备防空导弹垂直发射系统的护卫舰。该舰主要任务是反潜，同时具有足够的防空能力，能在没有空中掩护的战场上独立作战，并具备较强的反舰和对岸攻击能力。英国海军现役的23型护卫舰和近年新造的45型驱逐舰，已成为21世纪初英国海军水面战斗舰的核心力量。

今后，护卫舰将改装各种新型导弹，推广使用导弹垂直发射技术，装备多管小口径炮、近程反导系统和功能比较齐备的相控阵雷达，以增强防空、反导弹能力；装备新型直升机，改进声呐装备，提高反潜能力；模块化设计和建造进入实用阶段。轻型护卫舰将更多地应用小型化的现代武器装备和电子设备，性能进一步提高。

伴随新技术、新装备的应用，舰船技术性能和作战能力的提高，今天

的护卫舰所遂行的作战任务及达到的作战效果，已与中、小型驱逐舰难分伯仲，甚至在舰型上也难以划分其类属。在大型护卫舰越来越受到重视的同时，吨位小的轻型护卫舰依然是建造势头不减，而且颇有小而全的味道。轻型护卫舰主要集中在俄罗斯、法国、中国和一些中小国家。

鉴于护卫舰的特殊作用和功能，今后护卫舰仍将是各国发展的重点。首先，一些吨位较大的3000吨以上护卫舰还将受到诸多国家青睐，个别护卫舰吨位可能突破7000吨。当然，3000吨左右的护卫舰也不会受到冷落，会继续受到重视和发展。其次，舰载武器种类将增多，而且性能会进一步提高。特别是护卫舰的防空武器的性能将会出现质的突破，如安装"宙斯盾"作战系统和MK41导弹垂直发射系统的西班牙F－100护卫舰。不仅如此，护卫舰将普遍配备直升机，用它来担负反潜、反舰、探测、电子干扰等任务。第三，舰上的探测装置，包括雷达、声呐等将有较大改进与提高，探测距离远、灵敏度高的拖曳线列阵声呐将普遍装设，指挥控制系统性能也将得到明显提高。第四，全燃动力和柴燃交替动力两种动力形式今后仍会被各国海军有选择地采用。第五，舰体隐形也是必备的一个重要特征。此外，一种新颖的电燃联合动力形式现也为某些国家所看好，正在试用中。

第2章 "名剑"群英录

2.1 余脉不断的"斯普鲁恩斯"级导弹驱逐舰

1966年，美国海军决定发展一型以反潜为主要使命的新型驱逐舰，代号为"DX计划"，以应对来自苏联海军日益强大的核潜艇威胁。该计划要求设计一款主要对付苏联核潜艇，同时兼顾护航和打击敌方海上编队等任务的较为全能的军舰。随着设计的深入，美国人发现一款军舰要想能兼顾所有任务需求是不可能的。随后美国人干脆抛弃了老式的设计方式，引用了当时颇为先进的"模块化"的概念，将新军舰的不同任务类型所需的武器装备进行了模块化的设计，这样便于进行任务转换。这就是日后创造了多个"第一"的"斯普鲁恩斯"级导弹驱逐舰。

该型驱逐舰是美国海军第一次使用的"标准化"船体，新的"标准化"船体使用了标准接口，使得在今后的新建和改装过程中无需再在船体上"大动干戈"，就可使用各种任务模块与先前预留好位置的接口进行对接，方便快速地完成军舰安装和改造。从后来的实际情况来看，"斯普鲁恩斯"级导弹驱逐舰的船体也确实成功地衍生出"基德"级导弹驱逐舰和大名鼎鼎的装有"宙斯盾"系统的"提康德罗加"级导弹巡洋舰。而在"提康德罗加"级上取得成功的MK41导弹垂直发射系统后来又被广泛用于改装在"斯

已改装MK41导弹垂直发射系统的"斯普鲁恩斯"级驱逐舰

普鲁恩斯"级驱逐舰上。

为了反潜需要，"斯普鲁恩斯"级驱逐舰使用输出功率达到25500马力的LM-2500燃气轮机作为动力推进系统。在进行反潜作战时，装备燃气轮机动力装置的舰船加速性远高于装备蒸汽轮机动力装置的舰船，动力性、自噪声特性又远胜于装备柴油机动力装置的舰船。同时为了进一步降低动力系统的噪音，新舰在设计时还要求安装进气消音器、排气消音器、主机隔声封闭罩壳和冷却空气消声器四个消音系统，这些新技术的应用使得新舰拥有无与伦比的静音性能。

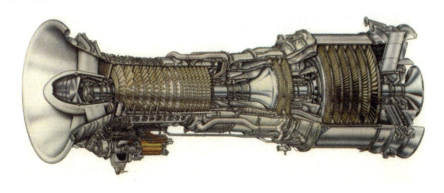

LM-2500燃气轮机

除了新研制的舰体和动力系统之外，美国海军还针对"斯普鲁恩斯"级驱逐舰研发了多项全新的系统，包括"DD-963级舰综合导航系统"、新的拖曳声呐阵列等新技术。大量新技术的使用让该舰的性能十分优越，但同时也减慢了该舰的服役步伐。

1972年11月27日，由"DX计划"演变而来的DD-963级驱逐舰首舰"斯普鲁恩斯号"在利顿造船厂安放龙骨开始建造。一年以后该军舰下水，1975年9月服役。而此时距该级军舰的研发已经过去了接近九个年头。

"斯普鲁恩斯"级长171.6米，宽16.76米，满载排水量达到了7800吨。就当时世界范围来看，是一艘驱逐舰中的"巨舰"了。在舰载武器方面，该级军舰装备有2门MK45型127毫米舰炮，这型舰炮几乎是美国海军当时直到现在的标准装备。该舰在一开始于主炮后安置了一座八联装的"阿斯洛克"反潜导弹发射器和2座MK32鱼雷发射管。

在声呐方面，安装有当时最为先进的AN/SQS-53型舰壳声呐。到了80年代，新研制的AN/SQQ-89(V)舰载综合反潜作战系统也在"斯普鲁恩斯"级驱逐舰上得到了应用。该系统整合了AN/SQS-53型舰壳声呐、AN/SQR-19型被动拖曳线列阵声呐和反潜直升机所使用的声呐浮标，负责潜探测、跟踪、识别、定位以及对武器的使用。除了完善的声呐探测系统和反潜武器之外，"斯普鲁恩斯"级还配属有2架SH-2"海妖"反潜直升机，这大大加强了该舰的反潜能力。

相对于强大的反潜能力来说，"斯普鲁恩斯"级驱逐舰的反舰和防空能力就显得十分弱了。除了2门MK45型舰炮以外没有安装任何反舰武器。所以在1976年中期至1978年中期，美国海军对13艘刚刚交付不久的"斯普鲁恩斯"级舰补装了最大射程22千米的"海麻雀"舰空

早期型号的"斯普鲁恩斯"级驱逐舰，舰艏和舰艉各安装有1门MK45舰炮，以及"阿斯洛克"反潜导弹和"海麻雀"防空导弹

直升机起降平台上停放SH-2"海妖"直升机，其后是8联装"海麻雀"防空导弹发射器和MK45型舰炮

导弹，同时加装了两座四联装"捕鲸叉"反舰导弹。

服役后的"斯普鲁恩斯"级又开始了现代化改装，最早是改装了一部分电子设备。改型数量最大的是为"斯普鲁恩斯"级加装导弹垂直发射系统。改装过程中取消了舰炮后方的"阿斯洛克"发射架，在原有位置安

正在发射的"海麻雀"防空导弹

装了61单元的MK41导弹垂直发射系统。加装了导弹垂直发射装置后，该舰的总吨位增加到了9000多吨。初次改装后的"斯普鲁恩斯"级可以搭载"战斧"巡航导弹、"捕鲸叉"反舰导弹和"阿斯洛克"反潜导弹。加装了MK41导弹垂直发射系统后的"斯普鲁恩斯"级驱逐舰作战能力空前强大。进行这样改造的"斯普鲁恩斯"级驱逐舰共有24艘。对于没有进行导弹垂直发射改装的军舰则在艏部"阿斯洛克"反潜导弹发射装置两侧加装2座四联装的装甲箱式发射装置，用于发射"战斧"导

已经拆除"阿斯洛克"发射系统，只保留"战斧"厢式发射架的舰艇

弹。很快这些军舰又把舰艏"阿斯洛克"发射架取消，仅仅保留2座"战斧"的厢式发射架。

除此之外该级舰在其服役生涯中作为新型拖曳声呐试验舰也对反潜能力进行了升级。"斯普鲁恩斯"级各舰在1986年大修开始装备AN/SQQ-89综合反潜作战系统。所以说"斯普鲁恩斯"级驱逐舰虽然已经全部退出现役了，但是仍然是美国海军迄今为止反潜能力最强的一级驱逐舰。

在海湾战争期间共有11艘"斯普鲁恩斯"级驱逐舰参战。其中在对伊拉克的武器禁运阶段，仅"布里斯克号"一艘军舰就对途经波斯湾地区的250余艘船舶进行了临检。战争结束后"布里斯克号"还长期担任监视伊拉克禁飞区的任务。"斯普鲁恩斯"级各舰除了执行海上封锁任务之外，主要依靠舰载的"战斧"导弹对伊拉克境内纵深目标实施打击。其中"法伊夫号"是向伊拉克发射"战斧"巡航导弹最多的舰艇，共发射了60枚。在1998年科索沃战争中该级舰中的"尼科尔森号"和"索恩号"参加了对南联盟的空袭，发射了"战斧"导弹。

平心而论，"斯普鲁恩斯"级驱逐舰在刚刚服役的时候除了反潜能力较为突出之外其他作战能力很一般。不过由于该级军舰采用了"模块化"设计理念，可以很方便地实现各种升级。而且美军对体系建设也十分重视，将"斯普鲁恩斯"级和后来的"阿利·伯克"级搭配，利用后者先进的雷达系统充分发挥前者的作战效能，这样既可以节约成本也取得了"1+1>2"的效果。这点对各国海军的建设发展都有十分重要的借鉴作

正在发射中的"战斧"巡航导弹

用。然而，随着目标对手苏联的解体，"斯普鲁恩斯"级导弹驱逐舰也慢慢地退出了历史舞台。最后一艘该级军舰在2005年8月退役，美国历史上最为强大的反潜驱逐舰自此全部退出现役。

不过，使用和"斯普鲁恩斯"级同样的舰体和类似的结构布置，减少部分反潜功能来增强防空能力所演进出来的"基德"级导弹驱逐舰还依旧活跃在太平洋东岸的中国台湾地区。"基德"级原先是伊朗在20世纪70年代向美国订购。后由于伊美关系恶化，转而进入美海军服役。由于是外销舰，在设计配置上也是为伊朗量身定做的，所以在使用上和美国海军并不是很搭配。

美国也一直向其他国家进行推销，包括澳大利亚、希腊。不过最终因种种原因都以无果而告终。不过在2000年，中国台湾地区政府对四艘军舰产生了兴趣，2001年美国政府表达了愿意出售的意向。2005年，在付出每艘超过5亿美元的天价之后台海军将这四条船收入囊中，同时正式更名为"基隆号"（舷号1801）、"苏澳号"（舷号1802）、"左营号"（舷号1803）与"马公号"（舷号1805）。

综合来看，"基德"级虽然继承了"斯普鲁恩斯"级导弹驱逐舰强大的反潜能力。但是作为以深海远洋探测核潜艇为目标的反潜技术装备，在台湾海峡和东海海域以浅水为主的区域内，无法发挥预先设定的技术水平。浅水背景的噪音反

刚下水时的"基德"级"钱德勒号"

射和环境噪音较深海区域有很大的不同，这些地方也非常容易成为常规潜艇掩盖自身发出噪音的极佳区域。因此，以反潜为看家本领的"基德"反而倒是极有可能成为潜艇的攻击目标。

2.2 不断发展的"阿利·伯克"级导弹驱逐舰

20世纪70年代，装备有"宙斯盾"系统的"提康德罗加"级导弹巡洋舰正式进入美国海军。虽然能为美国海上航母编队提供强大的防空保护，但是造价高昂。而几乎就在同时，美国海军提出了一种装备"宙斯盾"系统的5000吨级驱逐舰的计划，计划代号"DD-X"。随着里根政府的上台，美国开始了全球攻势外交，军事上也开始了全面扩充。在此背景下，一直处于低速研发状态的"DD-X"级驱逐舰顺理成章地加快了研发速度。

正在垂直发射防空导弹的"提康德罗加"级导弹巡洋舰

1982年2月，美国海军对"DD-X"的设计要求是：为航母编队提供区域防空保护、同时兼具反舰和反潜能力，并有独立作战能力；优良的生存能力；采用"宙斯盾"系统，同时装备和"提康德罗加"级巡洋舰一样的MK41型导弹垂直发射系统。

1982年3月26日此方案正式获得批准，同时"DD-X"更名为"DDG-51"。1983年度预算里，"DDG-51"的初步设计终告完成。由于将排水量限制在8000吨以内根本不切实际，因此在1983年5月进入合约设计阶段时，将"DDG-51"排水量放宽

"宙斯盾"系统的核心，SPY-1相控阵雷达系统

到8370吨。1985年4月3日巴斯钢铁得到3亿2190万美金的合约首款，并被授权建造首舰"阿利·伯克号"（DDG-51）。

"阿利·伯克"级驱逐舰在设计上未使用"斯普鲁恩斯"级的通用舰体。水线的长宽比由"斯普鲁恩斯"级的9.6降为7.9。因此，"阿利·伯克"从外形看上去显得尤其粗壮。这种船型有效增加了舰内的容积，有利于军舰的内部总体布置，并且具有较好的耐波性和操纵性，不过这样做也就舍弃了高速航行的能力。同时"阿利·伯克"级还首次在驱逐舰设计上考虑了隐身能力，上层建筑向内倾斜收缩以降低雷达反射面积，舰体的一些垂直表面涂有雷达吸波涂料；除了尽量降低雷达信号以外，"阿利·伯克"级在抑制红外线信号方面下了很多功夫，烟囱内设有喷射气冷装置，让高热废气先与外界冷空气混合降温再排出，烟囱顶部废气出口设有能屏蔽烟囱内热气管道的装置，而舰上几个温

外形粗壮的"阿利·伯克"级导弹驱逐舰

度较高的部位也以隔热材料加以屏蔽。噪音抑制方面，其舰底设有气泡幕噪声抑制系统，能掩盖舰体与推进系统产生的噪声，螺旋桨也采用了可以抑制空泡噪声的新型桨叶。

在舰体防护上面"阿利·伯克"级特别注意军舰的防火性能。例如禁止使用木材、易燃窗帘或橡皮地毯等装潢设施，各建材广泛以阻燃剂进行处理，电缆绝缘层采用天然和硅树脂橡胶并加上玻璃纤维编织的保护层，以增加抵抗火灾的能力。全舰除了桅杆和烟囱外基本没有使用铝合金材料，而是使用了耐火性较好的钢材，这也是伯克级排水量超过8000吨的一个重要原因。为了进一步提高生存性和受损时候的作战效能，美国海军充分利用其舰体宽大的特点，将军舰的作战情报室中的战斗系统元件分散到三个不同区域的战斗系统控制室，并将"战斧"巡航导弹控制台与声呐显控台从作战情报室内移出另外设置。

"阿利·伯克"级主要的探测跟踪系统是"宙斯盾"系统。该系统的主要探测雷达是安放在舰桥上的四面，呈八角形的AN/SPY-1型被动相控阵雷达。因为雷达本身不旋转，完全利用改变波束相位的方式，对雷达前方的空域目标以每秒数次的速率进行扫描。在实际作战中对敌目标的探测和跟踪主要由AN/SPY-1雷达来完成，火控雷达则负责引导最多12枚防空导弹拦截空中目标。

在装备新型防空雷达的同时，美国海军希望"阿利·伯

八角形AN/SPY-1相控阵雷达

克"级导弹驱逐舰能有独立遂行反潜作战的能力，因此装备了颇为先进的AN/SQQ-89（V）综合反潜作战系统。AN/SQQ-89（V）是一种水面舰艇综合反潜作战系统，该系统被设计用于探测、定位、跟踪和对付潜艇。通过多种传感器对声音信号进行发射和接收，系统可对目标分类，进行目标运动分析，并控制本舰反潜武器。此外，系统可以根据多传感器提供的航迹数据进行控制管理，并将航迹数据传送到舰艇的作战指挥系统和决策系统。

除了"宙斯盾"系统之外，"阿利·伯克"级驱逐舰上所装备的MK41导弹垂直发射系统也是一大亮点，该系统具有通用性高、易于维护和发射速度快的特点。整个系统由标准模块、装填模块、导弹贮运发射箱和发控台等设备组成。由于采用模块化结构，可根据任务需求和舰船条件进行不同的组装和改变以适用于不同的舰型，只要修改计算机程序，就能发射不同的导弹。MK41系统中的装填模块外形尺寸同标准模块一样，总体构架也大致相同。只是用3个隔舱安装一台伸缩式油压起重机，就能对隔舱模块中的所有弹位进行海上补给。最早的"阿利·伯克"级驱逐舰在舰艉的MK41导弹垂直发射系统安装了48枚的发射模组，备弹90枚，其防空能力是"提康德罗加"级的75%。

在动力方面"阿利·伯克"级和"斯普鲁恩斯"级一样采用了LM-2500燃气轮机，可以为军舰提供超过10万马力的动力，不过由于舰型的原因，因此比"斯普鲁恩斯"级驱逐舰多

正在进行检修的MK41导弹垂直发射系统

出近1000吨的排水量，"阿利·伯克"级导弹驱逐舰的最高航速勉强能达到31节，低于"斯普鲁恩斯"级的34节。

武器系统方面，"阿利·伯克"级装备有一门127毫米口径的MK45型舰炮，2具MK32型水面船舰鱼雷管，近防武器为两座"密集阵"近防系统。由于"阿利·伯克"级导弹驱逐舰装备有MK41导弹垂直发射系统，可以根据任务的不同搭载不同的武器，使得"阿利·伯克"级多任务能力进一步加强。

安装在舰艇的MK45型127毫米舰炮

早期型的"阿利·伯克"级驱逐舰设置有直升机平台，但是却没有设置机库，这主要和该舰的作战任务定位是分不开的。在最初的定位中"阿利·伯克"级导弹驱逐舰的主要任务是以舰队区域防空为主，并不需要它独立执行所有的护航任务，当有反潜需要或别的用途需要用到直升机的时候可以由舰队别的军舰随时对其派出直升机进行支援。

1991年，"阿利·伯克"级驱逐舰首舰"阿利·伯克号"正式服役，该级舰作为美国海军寄予厚望的主力战舰被广泛部署在全球各个舰队。该级舰虽然没有赶上海湾战争，但在随后美军对外的武力干涉中多次跟随航母编队作为急先锋投入战场。1995年，首舰"阿利·伯克号"在第二次海外部署期间执行了波黑禁飞区任务；1996年"拉布恩号"使用"战斧"巡航导弹对伊拉克境内目标进行了打击；1998年12月，共有4艘"阿利·伯克"级驱逐舰参加了"沙漠之狐"行动，使用"战斧"巡航导弹对伊拉克境内目标实施打击；1999年3月24日，科索沃战争爆发，"阿利·伯克"

级驱逐舰"冈萨雷斯号"、"罗斯号"和"斯托特号"对南联盟目标进行了打击；2003年3月20日至5月1日爆发的伊拉克战争则是"阿利·伯克"级导弹驱逐舰参与舰只最多的一次军事行动，美军共有12艘"伯克"级舰随美国海军6个航母战斗群参加了战争，在战争中"阿利·伯克"级驱逐舰通过向伊拉克境内目标发射"战斧"巡航导弹实施了首轮攻击；2011年对利比亚代号"奥德赛黎明"行动中"巴里号"向利比亚境内目标发射了"战斧"导弹；2014年9月23日，游弋在红海海域的"伯克"级导弹驱逐舰对叙利亚境内的恐怖组织ISIS进行了打击；近来，中国南海也时时可以看到"阿利·伯克"级的魅影。

除了直接动手参与军事行动之外，"阿利·伯克"级导弹驱逐舰也经常作为美国军力的"前沿存在"和重要的"反介入"武器而时不时在新闻媒体露面。1999年，美国海军"麦凯恩号"在中国南海海域使用拖曳声呐和中国海军潜艇直接发生碰撞；2008年2月，"拉塞尔号"导弹驱逐舰和"伊利湖号"导弹巡洋舰配合一起击落因发射失败而失控的USA193号间谍卫星，这次实验向世界展示了"宙斯盾"系统的反卫星能力；2008年格俄冲突中"梅森号"导弹驱逐舰开进黑海海域显示其军事存在；2012年朝鲜试射弹道导弹期间"麦凯恩号"开进日本海对其进行监视；2014年6月"保罗·琼斯号"进行"整合化空中与导弹防御驱逐舰"验证，在那次演习中发射了4枚"标准"-4型防空导弹和1枚"标准"-2型防空导弹。无论全世界任何地区有事情发生都能看见"伯克"舰的身影。

不过"阿利·伯克"也有铩羽而归的时候。2000年10月12日巴林当地时间中午11点20分左右，美国海军大西洋舰队所属的"阿利·伯克"级导弹驱逐舰"科尔号"在进入也门的亚丁港准备补充燃料时，突然遭到一艘本·拉登领导的基地组织成员驾驶的满载炸药小型橡皮艇的自杀式攻击。结果在左舷炸开了一个长12米、宽4米的大洞。巨大的破口导致海水

第2章 "名剑"群英录

大量涌入舰内，军舰向左倾斜最大达40度，就连舰面甲板也一度入水。经过舰上官兵的奋力抢救，当天晚上终于控制住了海水向舱内的灌注。经统计，在这次爆炸事件中，共有17名官兵死亡，另有37人受伤。

"科尔号"被炸出大洞

"阿利·伯克"级驱逐舰大的改进型号共有三种，分别被命名为Flight Ⅰ，FlightⅡ／ⅡA型和FlightⅢ型。

Flight Ⅰ是当"阿利·伯克"级驱逐舰刚刚服役的时候美国海军就对前7艘原型舰进行改进的型号，包括改进了直升机甲板，增加了挂弹设备和加油设备，大大改善了其直升机的出勤率。将电子战系统升级到最新版本，使其具备主动电子对抗能力。Ⅰ型所装备的"宙斯盾"系统大多属于"基线4"系列，最后3艘（DDG-68至DDG-71）则装备了"基线5"系列。"基线5"最大的改进莫过于引进了民间计算机技术来替代一些昂贵的军规产品，因此大大降低了采购成本和研发维护成本。

Ⅱ型为第二批采购，共有7艘（DDG-72至DDG-78）。第三批次采购的被称为ⅡA型，共有37艘（DDG-79至DDG-115）。其中DDG-79和DDG-80两舰装备了一门54倍径的MK45型127毫米Mod2型轻型舰炮，

DDG-81和DDG-84装备有一门62倍径的MK45型127毫米Mod4型轻型舰炮。新舰炮的炮管从原来的54倍径加大到了62倍径，而且炮塔也进行了隐身设计，原来圆乎乎的炮塔经过修型后变得棱角分明。

MK45Mod4型舰炮

Flight IIA型舰将舰桥后方的两片雷达阵面抬高了2.4米，前后不对称的雷达也成了该型舰最好识别的外部特征。舰上的"宙斯盾"系统也进行了进一步升级，新的系统被称为"基线6"。在改进中继续引进更多民品规范的彩色大屏幕来替代老旧的军规显示器；利用光纤网络替代以前点对点的铜轴网络布线架构。新的架构使得"基线6"可以同时跟踪超过7000个目标，是最早的"基线1"系统的10倍，军舰的作战效能得到了大幅的提升；由于该型舰增加了反潜直升机机库，"基线6"还增加了若干反潜功能。

到了DDG-91号舰的时候"宙斯盾"系统全部升级到"基线7"水平。升级了的"伯克"舰具备使用"标准"-3防空导弹的能力从而能够有效拦截弹道导弹，其舰上的雷达也由原来的AN/SPY-1D升级为AN/SPY-1D（V）型。最后10艘Flight IIA型驱逐舰则使用"基线7.2"系统，该系统进一步将舰上武器进行整合，包括两门MK38遥控火炮系统等。2011年，由于DDG-1000驱逐舰的采购量大幅减少，美国海军宣布新增加采购10艘

Flight IIA 型驱逐舰，这10艘军舰在计划建造时美国海军就宣布将在舰上使用"基线9"系统。新系统将升级舰炮武器系统，全面升级卫星通信，将原先的各种卫星通信系统全面整

FlightII/IIA驱逐舰后部有2个直升机机库，这是与Ⅰ型之间最大的外部区别

合，同时还大大加强了军舰的信息交互能力。

Flight IIA 型装备的MK41发射单元在数量上没有变化，只是拆除了原先发射单元上的再装填起重机，使得实际可用的发射单元从90个增加到了96个。Flight IIA 型最早计划将"密集阵"近防武器系统全部取消，转而采用射程达50千米"增强型海麻雀"舰空导弹，其半主动雷达制导，而且在一个MK41发射管内可以同时放入4枚导弹，大大增加了防空效率；由于射程较远，可以有效弥补"标准"导弹和"密集阵"近程防御系统间的空隙。但因为"增强型海麻雀"防空导弹交付不断延迟，所以在DDG-79到DDG-82的头四艘舰上依然装备有"密集阵"系统。美国海军计划从接下来的DDG-83起就能以"增强型海麻雀"彻底取代"密集阵"。然而由于"增强型海麻雀"的研发测试时程超乎预期的慢，一直拖到2003年3月才进入美国舰队展开实际验证，因此DDG-

"密集阵"系统

83到DDG-102服役时没有安装"密集阵"系统的各舰，在日后进坞整修时便陆续加装"密集阵"系统应急。不过只有DDG-83和DDG-84两舰安装了两套"密集阵"系统，DDG-85以后各舰仅在舰艉直升机库上方装置一套。

在反潜武器方面，从DDG-91到DDG-96这6艘配备了新开发的AN/WLD-1遥控侦雷／猎雷载具进行测试，为此也在后烟囱右侧增设一个AN/WLD-1的收容库，与尾部机库结构融为一体，平时以库门密封。目前就只有这6艘Flight II/A型舰上设有AN/WLD-1的收容库，从DDG-97号舰开始又将之取消。在军舰外观上从DDG-89舰开始烟囱上的顶部排气孔被埋入了烟囱内部，前后两个烟囱顶部全部平齐，这样不但使得军舰外形更为简洁美观而且可以进一步降低红外信号。Flight IIA型舰最初将鱼雷发射管的位置从后方垂直发射系统两侧挪到了后部烟囱两侧。这样的位置改变加大了鱼雷发射管与鱼雷库的距离，非常不利于鱼雷的再装填，为了解决这个问题，从DDG-91号舰开始又将鱼雷发射管的位置挪回到了舰后部的垂直发射系统两侧。

Ⅲ型计划建造11艘（DDG-116至DDG-126）。其实在美军原先的预想中"阿利·伯克"级驱逐舰改进到Flight IIA型的时候就应该完结了。不过由于美国海军的DDG-1000"朱姆沃尔特"级导弹驱逐舰的价格实在太高，美国国会一再要求减少其采购量，到了2008年国会只给海军批复了3艘的拨款。2009年，美国国防部长盖茨宣布海军购买8艘改进型"阿利·伯克"舰来填补DDG-1000数量不足的欠缺。

外形科幻的DDG-1000

这批新改进的"伯克"舰被命名为Flight Ⅲ型。计划从2016年开始建造,第一批建造3艘,全部交由因减产DDG-1000而受到合同损失的诺格厂来建造。

为了对建造成本和维护成本进行控制,Flight Ⅲ型继续沿用了"阿利·伯克"级驱逐舰的舰体平台和主要的武器系统,整个外形也不会有大的改变,新舰并不会使用新的全电推进系统。相对于Flight Ⅱ/A型来说新舰最大的改变是其雷达系统。Flight Ⅲ型将不再使用Flight Ⅱ/A上装备的AN/SPY-1D(V)被动相控阵雷达,而是使用DDG-1000上使用的全新的AMDR-S主动相控阵雷达,该雷达不再是八角形的外形,而是正方形的,并且对正在飞行中的弹道导弹具有极佳的探测能力。再配合舰上专为拦截弹道导弹而装备的"标准"-3防空导弹,Flight Ⅲ将是所有"伯克"级中拦截弹道导弹能力最强的一型舰。为了给全舰提供稳定的电力,该舰很可能要安装4台燃气轮机。Flight Ⅲ型同时将桅杆上原有的AN/SPS-67型雷达换装成AN/SPQ-9B型。通过对美国海军采购改型雷达数量的估算,其对Flight Ⅲ型的采购很可能会超过40艘。如果这些推测全部属实的话那么美国海军的"伯克"时代还将延续几十年。

"阿利·伯克" Flight Ⅲ型

2.3 来自未来的"朱姆沃尔特号"导弹驱逐舰

2015年12月7日美国巴斯钢铁公司位于缅因州的造船厂，6年前在此全速生产的科幻战舰"朱姆沃尔特号"导弹驱逐舰缓缓驶离码头开始海试。2016年10月15日，该舰编入美国海军作战舰队，未来将部署在亚太地区，以配合美军"重返亚太"的战略。该型舰原本计划建造32艘，但由于军费预算和其他种种原因，该型舰的建造数量被削减到仅3艘。

航行中的"朱姆沃尔特号"导弹驱逐舰

从其颇具科幻的外形上来看，"朱姆沃尔特号"在设计之初就十分注重舰体的隐身能力。与传统大型水面主战舰艇干舷外飘的船型不同，"朱姆沃尔特号"采用了干舷内倾的外形设计，可以把雷达波反射至不同方向，从而杜绝或者减少雷达接收器接收雷达反射波，降低舰艇被雷达发现的概率，提高了舰艇的雷达隐身性。

一体化的舰体上层建筑也是其雷达隐身的一个重要标志。该上层建筑整体造型由下往上向内收缩以降低雷达反射截面。其尾部整合有直升机库，并在顶部整合有一座大型先进密闭桅杆/传感器，舰上所有通信、侦测、导航、电子战系统的天线都被整合进先进密闭桅杆中。该建筑是选用雷达波吸收与频选复合材料建造，只有桅杆上的天线电磁波能够进出，敌方发射的雷达电磁波都遭到过滤吸收，再加上其采用简洁平滑的平板状隐身外形，可大幅降低雷达发现的概率。并且由于采用密闭桅杆，从而降低了内部电子系统在高湿高盐的海上环境中的故障率，减轻了桅杆内的电子设备维护和维修的压力。

"朱姆沃尔特号"
独特的舰体上层建筑

一般军舰上最不易做到隐身的舰炮，在"朱姆沃尔特"号上也有比较好的隐形处理。该型舰炮采用了高度隐身设计的多面形炮塔，原本炮管采用裸露在外的设计，并于炮管外部加装隐身外罩；后来考虑到隐身外罩会增加不少重量，对炮管的举升与维护造成不少困扰，遂改成可折收式，平时炮管折收于炮塔前方的整流罩内。

除了外形和电磁隐形之外，"朱姆沃尔特号"也十分注重低红外探测性。为了消减发动机废气排放而带来的最大热红外源，该舰先以海水喷雾冷却动力系统的废气，然后再由一体化舰体上层建筑的上部排气口排出。

静音设计方面，"朱姆沃尔特号"动力系统将发动机安放在减震浮筏上，通过降低发动机的噪音以降低被潜艇声呐发现的概率。

在舰炮系统的设计选型上，"朱姆沃尔特号"在一些国家海军舰艇减小火炮口径的时候，却安装了2门新式155毫米62倍口径先进舰炮系统，先进舰炮系统的运作完全自动化，炮塔内无需人员操作，只需透过战情中心的遥控，且所有转动组件（炮塔回旋、炮身俯仰、装填等）均由电动装置提供动力，而非传统的液压系统。炮管俯仰范围−5度至+70度，炮弹初速825米/秒，最大理论射速每分钟12发，持续射速也可达到每分钟10发，每门火炮弹仓内存放750发炮弹。2门155毫米主炮的火力输出能力相当于美国陆军一个155毫米榴弹炮营。该型先进舰炮系统能够通过GPS精确制导发射远程对陆攻击弹药和常规炮弹。远程对陆攻击弹药重118千克，弹丸由战斗部、GPS制导装置、火箭助推发动机和舵机控制装置等部分组成。战斗部内装药重10.8千克，破片杀伤半径60米。由于发射前将目标的坐标输入全球卫星定位系统GPS，因此虽然总射程高达185千米，但圆周

正在使用先进舰炮系统展开对陆攻击的"朱姆沃尔特号"导弹驱逐舰想象图

误差仅有 20 米左右。常规无制导炮弹弹丸重 47 千克，射程也可达 40 千米。

除了舰炮，"朱姆沃尔特号"上的打击火力还包括由布置在舰艏舷侧和舰艉舷侧的 80 个 MK57 垂直发射系统中能够发射的"战斧"巡航导弹，对地型"标准"-6 Block IA 导弹和先进对陆攻击导弹。通过涵盖不同的射程范围以满足不同的战场火力打击需要。

其实，"朱姆沃尔特号"上的 MK57 垂直发射系统的发射管内径比美军现役"阿利·伯克"级导弹驱逐舰和"提康德罗加"级导弹巡洋舰上装备的 MK41 垂直发射系统大得多。因此装填导弹种类较 MK41 增加了不少，并且可以不经改装就能直接装填美海军新研制的战区反导导弹。不过，由于"朱姆沃尔特号"原本的双波段雷达系统中的长程广域搜索雷达因预算原因而被删减，只保留有多功能雷达。因此，"朱姆沃尔特号"虽然可以搭载诸如"标准"-2 区域防空导弹和"标准"-3 反弹道导弹，但自身不具备区域防空能力和海上反导能力，除非由编队中其他舰船提供目标指示和防空导弹制导。因此，该舰只搭载以近程防空为目的的垂直发射"海麻雀"ESSM 导弹执行近距离防空任务，不过由于采用折叠弹翼的"海麻雀"能够在单个垂直发射管内装填 4 枚导弹，因此该舰的装载量还是相当可观的。除此之外，"朱姆沃尔特号"也没有选用美海军水面舰艇常用的"密集阵"近防系统，而是采用了兼顾

MK57 垂直发射系统在"朱姆沃尔特号"上的布置方式

海上高速小型目标和空中拦截能力的通用动力公司生产的口径30毫米的MK46舰炮，该炮射速200发/分钟，射程4千米。

如此花重金打造的科幻战舰所执行的任务定位颇有些类似于150多年前美国南北战争时期的"浅水炮舰"（一种低干舷无法胜任远海行，航速不快装甲也不强，却装有大口径炮的军舰）之感。"浅水重炮舰"虽然拥有强大的火力，同时又有一定的装甲防护能力，但是由于过慢的航速，导致其并不适合作为舰队的一员而出现。并且在不能取得战场主动权的情况下使用"浅水重炮舰"会非常危险。但单位时间内投射弹药量和火力持续能力与其他水面舰只相比，却占有一定的优势。

而在美国海军21世纪的作战体系中，DDG-1000"朱姆沃尔特号"似乎也秉承了150年前"浅水炮舰"的以对陆目标打击为主，以对海攻击的作战定位为辅的理念。同样，DDG-1000"朱姆沃尔特号"也是在夺取制海权和制空权后，方可尽情使用其搭载的各种攻击武器对陆地目标和海上目标进行精确打击，这一点与"浅水炮舰"高度相似，并且使用的环境也惊人的雷同。但是，一旦面对敌方拥有完备的海上作战力量，合理的纵深火力配备，良好的战场探测能力，恐怕"朱姆沃尔特号"很难到达发射阵位，从容地发动攻击。即使向岸上或水面目标发起了攻击，也会被各型防空火力和空中力量拦截在半途。更有可能因舰艇本身大量发射导弹而被失去隐身的"庇护"，成为在"海空一体"火力打击下各型反舰

美国南北战争期间装备2门11英寸火炮的"莫尼托尔"式浅水炮舰

导弹的众矢之的。因此，21世纪的"新浅水炮舰"DDG-1000"朱姆沃尔特号"的实际作战效能如何，我们将拭目以待。

2.4 俄罗斯海军好搭档——"现代"和"无畏"

20世纪70年代由于全球石油价格飞涨，作为石油出口大国的苏联，国民经济空前繁荣，苏联海军也加快迈向远洋的"蓝水海军"时代。1980年，西方海军在波罗的海海域发现苏联海军两种新型驱逐舰，分别称为BALCOM（即"波罗的海战舰"的英文缩写）2和BALCOM3。后来西方

炮口上扬的"现代"级导弹驱逐舰

苏联956型的"现代"级导弹驱逐舰具有巡洋舰大小舰体，采用的动力系统包括四具KB-4高压蒸汽锅炉与两座GTZA-67蒸汽涡轮，双轴推进，输出功率100000—104000马力（1马力=0.735千瓦），最大航速超过32节，航速18节时续航力4500海里，能持续在海上作业30天。其标准排水量6600吨，几乎是以往苏联驱逐舰的两倍。它也是苏联海军与美国"斯普鲁恩斯"级抗衡的多用途驱逐舰。"现代"级采用短首楼的船型，首

楼只伸到舰桥前方，首楼甲板有较大的舷弧，但前端水平，于舷下部外飘，在舰桥处和尾部有明显折角线，强烈前倾的舰艏柱下安装有声呐球鼻。"现代"级的主要武器为前部上层建筑两侧的两座四联装SS-N-22（即3M80"白蛉"）反舰导弹发射器。这种长9.38米、以冲压喷气发动机推进的导弹是世界上第一种超音速掠海飞行的反舰导弹，其速度达2.5马赫（2.5倍音速）！如利用舰上的卡-27直升机进行超视距制导，可打击120千米外的目标。

舰体前后部各有一座SA-N-7（即9M38M"飓风"）舰空导弹发射架（下部各备有24枚导弹），这种射程达25千米的防空导弹系统类似美军"标准I"型中程防空导弹，使"现代"级具备一定的区域防空能力。"现代"级还有两座新颖的130毫米双联炮、4座30毫米近防炮、两座双联鱼雷发射器、两座6管反潜火箭发射器、40枚水雷和一架卡-27直升机。这是一种以对舰攻击为主，兼有一定防空、反潜能力的多用途驱逐舰。

SS-N-22反舰导弹　　　　　　　　　　SA-N-7防空导弹

"现代"级原计划建造20艘，其中956A型3艘、956E型和956EM型各2艘，其余的13艘是956基本型。最终完成17艘。

956A型是956基本型的改进型，反舰导弹换装了射程超过160千米的3M82（3M80"白蛉"的改进型）；舰空导弹换为9M317（SA-N-12）型，火控系统也进一步升级；舰体上取消了所有的舷窗。

956E 型是 956A 型的出口型号，武器装备与956A型相同，但舰载电子设备更先进。956EM 则是根据中国军方要求而进行大规模改进的型号。包括舰空导弹用射程达到38千米的SA-N-12换下了SA-N-7；近防武器采用2套"卡什坦"弹炮结合系统换下了AK-630M 型近防炮；采用 MR-750M 三坐标雷达和"马颚"型声呐；其他方面则和956基本型一致。

中国在1999—2006年先后引进两批四艘"现代"级，956A型"杭州号"和"福州号"，不过中国海军买到的2艘956A型舰对空导弹没有换装成SA-N-12型；956EM型"泰州号"和"宁波号"，则取消了956E型舰艉的AK-130双联装火炮，相应的用固定配置的直升机库代替了之前收缩式的折叠直升机库；在直升机机库的左右两侧以2

"卡什坦"弹炮结合系统

中国海军靠泊的4艘"现代"级驱逐舰

座"卡什坦"弹炮合一近防系统替代了原来的AK-630近防炮；反舰导弹配备了最新的射程可达240千米的3M80EBR型，舰空导弹采用了SA-N-12。全部4艘"现代"舰被编入东海舰队，使得在21世纪的前十年内，很大程度上弥补了中国在东海方向上的海上作战能力不足的局面。

不难看出，"现代"级导弹驱逐舰装备的武器系统主要是以水面反舰为主，辅以一定的区域防空能力，由于采用了噪音较大的蒸汽轮机作为推进动力，所以海上航行时噪音较大，不太适合执行反潜任务。因此，1972年苏联海军批准了1155型反潜驱逐舰的设计任务书。该型舰的使命任务是为航母编队提供反潜护卫及遂行攻势反潜，与"现代"级导弹驱逐舰互为补充。

"无畏"级反潜驱逐舰标准排水量6700吨，满载排水量8500吨，长163.5米，宽19.3米，吃水7.5

"无畏"级反潜驱逐舰

红圈部分为SA-N-9
舰空导弹垂直发射装置

"无畏"级反潜驱逐舰舰
艏100毫米舰炮和SS-N-
14反潜导弹发射系统

米，最大航速29节，采用燃气动力，总功率69100马力，18节时的续航力为7700海里，编制249人。主要武器包括：8座SA-N-9舰空导弹垂直发射装置；2座4联装SS-N-14"石英"反潜导弹发射装置；2座单管100毫米舰炮，4座AK 630型6管30毫米近防炮，2座4联装533毫米鱼雷发射装置；2座12管RBU 6000火箭深弹发射装置。

该型舰共建造13艘，包括12艘基本型（其中4艘已退役，1艘被封存）和1艘改进型。"无畏"级舰突出了以反潜为主的设计思想，配置了反潜直升机、反潜导弹、反潜鱼雷和反潜深弹4个层次的完善反潜体系，可为编队提供强大的反潜护卫能力。其装备了苏／俄第三代舰载反潜直升机卡-27A，该直升机有效载荷大，反潜设备和武器齐全，续航时间长；SS-N-14反潜导弹是世界上射程最远的反潜导弹，射程高达50千米；该型舰配置了与编队反潜能力相适应的大功率舰壳声呐和可变深拖曳声呐；广泛采取了减振降噪措施，如对机舱采用了气幕降噪系统。"无畏"级驱逐舰是采用全燃动力的第二代苏联驱逐舰，其燃气轮机也属于第二代舰用燃气轮机，并采用了可倒车式燃气轮机，无须采用可调螺旋桨，从而避免了调距桨结构复杂带来的一系列问题。

综合来看，"无畏"级的最大软肋是缺乏强大的海上反舰作战能力，而这却是"现代"级的强项。因此，早在这两级舰设计之初，北方设计局就已经开始考虑设计一型集两者技术性能于一身的新型战舰。

苏联想到了刚服役不久的"无畏"级，他们看中了"无畏"级吨位大、改进余地大的优点，利用"无畏"级的舰体设计，在保持强大反潜能力的同时，强化反舰作战的能力。北方设计局当年的设想终于有了实现的可能，新舰的研制工作很快就开展起来，并确定设计代号为1155.1型，称为"无畏Ⅱ"型。"无畏Ⅱ"级原计划首批建造3艘，但不久之后苏联突然解体，接手的俄罗斯经济状况不佳，使得第三艘及后续舰的建造计划都被迫取消。

1989年2月28日，2艘"无畏Ⅱ"级多用途导弹驱逐舰在加里宁格勒的扬塔尔造船厂同时开工建造。其中的第一艘便成了今天的"恰巴年科号"，也是苏联解体至今20年来进入俄海军服役的唯一一艘较新型的驱逐舰。无畏Ⅱ级1号舰于1992年12月14日下水，但由于俄罗斯缺乏资金和各种设备，该舰的舾装进展非常缓慢，到1996年时，才完成工程量的98%，迟迟不能交付海军。1997年，俄罗斯一大型石油集团捐赠了10亿卢布，这才使该舰得以最终完成，整个工期长达近10年，而为该舰配备的官兵早在5年前就已经开始住到舰上过日子了。相比之下，"无畏Ⅱ"级的2号舰就没那么幸运了，该舰在1991年初就已经停止建造，后于1994年被拆成了一堆废铜烂铁出售。

"无畏 II"（1155.1）型舰"恰巴年科号"结合了"现代"级和其他"无畏"级舰的优势，装备有SS-N-22反舰导弹发射装置和可通过533毫米鱼雷发射管发射的SS-N-15"瀑布"反潜导弹，兼顾了反舰和反潜两大功能，并在基本型的基础上进一步增强了近程防空能力，同时还换装了电子设备和声呐系统，堪称是一艘多用途驱逐舰。

"无畏II"型"恰巴年科号"

从以上两型舰的发展可看出，苏联海军希望利用"无畏"级射程达到50千米的反潜导弹，发挥强大的反潜能力为"现代"级提供水下保护。同时，"现代"级搭载的SA-N-7/SA-N-12区域防空导弹，又能为"无畏"级提供比较大范围的空中保护。从而最终实现"现代"级和"无畏"级驱逐舰"1+1>2"的作战搭配效果。不过从全世界范围来讲，模块化和多用途已经成为驱逐舰发展的主流，单单强调和突出某一项作战指标，而忽略其他的作战能力，结果就是不得不发展另一种装备来弥补现有装备作战能力的缺陷，从而带来了成本激增的后果。

虽然，苏联在20世纪后10年已经开始对功能单一的"无畏"级驱逐舰进行改进，从而使其成为一艘集合了强大反舰、反潜、近距离防空能力的多用途驱逐舰。奈何，苏联的解体使得这一构想仅仅成就了一艘"无畏

II"级"恰巴年科号"驱逐舰。其他的改进计划和想法也随着帝国的崩塌被埋在了时间里面。时至今日，虽然有消息传出俄罗斯多次有新建大型驱逐舰的计划和继续改进现有"现代"和"无畏"级舰的构想，实现主要舰载导弹武器发射的垂直化、发射装置的通用化、动力的燃气轮机化和各方面作战能力的均衡等，但最终都无果而终。俄罗斯海军真正意义的新一代驱逐舰仍笼罩在团团迷雾之中。

2.5 英国海上支柱45型导弹驱逐舰

英国海军于20世纪80年代总结了马岛战争中42型驱逐舰的实战表现，提出了建造新型驱逐舰的要求。英国人原本设计42型是想要一种成本最低的"海标枪"防空导弹载舰。两艘42型在马岛海战中被击沉可以说明该型舰艇无法有效对抗反舰导弹的攻击，同时也反映了英国连续多年对低成本装备的追求造成的后果。低性能的远程雷达无法追踪低空目标；过短的舰艏造成火炮和导弹发射装置故障频频；舰上空间狭小造成电子设备过于拥挤，相互干扰严重。当"谢菲尔德号"在雷达哨舰战位进行卫星数据传输时被迫关闭对空警戒雷达和相应的预警系统，此时其他舰艇向"谢"舰发送了阿机来袭的警告，该警告本应通过Link 10数据链传给预警系统并自动反应，但由于对空警戒雷达和相应的预警系统的关闭，"谢"舰直到目视距离才发现来袭的"飞鱼"导弹。"考文垂号"的损失也是因为雷达缺乏跟踪低空飞行目标的能力而无力对付低空多批次攻击，而被阿根廷A-4M临空投掷的炸弹击沉。

因此，80年代中后期及90年代早期英国对先进驱逐舰的要求就变得非常迫切。先后与北约和法、意两国一道提出了"北约护卫舰替换"和"新一代通用护卫舰"计划，不过合作均未取得成功。于是英国在1999年

42型导弹驱逐舰

决定自行研制45型导弹驱逐舰，总共计划建造12艘（后削减至6艘），首批3艘舰的合同在2000年12月签署，由位于朴次茅斯的沃斯珀·桑尼克罗夫特集团和BAE系统公司水面舰艇分部共同负责建造。2003年3月28日，首舰"勇敢号"在BAE系统公司位于格拉斯哥的斯科特斯顿造船厂开工建造。因此，外界一般将45型驱逐舰命名为"勇敢号"级驱逐舰。45型导弹驱逐舰采用了模块化建造方法。例如，"勇敢号"整舰被分为6个主要部分，分别由散布在不同区域的BAE系统公司所属斯科特斯顿造船厂、巴罗造船厂和朴次茅斯造船厂承建，后两家船厂建成的分段都运到斯科特斯顿造船厂，在该厂进行总装。2006年2月1日，从斯科特斯顿造船厂巨型敞篷船台上倒退着急速滑下水的"勇敢号"驱逐舰，完全不像是一艘现代

45型导弹驱逐舰

化的战舰，因为它只有最基本的舰体结构，所有能够显示其作为现代军舰的标志物，如武器系统、大型桅杆、大型雷达系统等都看不到。

表面看起来，这是由于舰载设备没有及时到位造成的。但同时这也是模块化建造方法带来的好处，某些设备的进程迟缓并不影响整个工作。其实，在"勇敢号"驱逐舰下水后再安装大型设备，这从另一个侧面证明了英国高超的造船及系统集成技术，因为下水后舰船在水上是摇晃不定的，要完成各种大型设备的安装和集成是非常困难的。

45型导弹驱逐舰全长152.4米，宽21.2米，吃水5.3米，满载排水量7350吨，为战后英国建造的最大驱逐舰。该舰上层建筑与舰体实现了一体化，具有较好的隐身性能，在雷达屏幕上看起来只有普通渔船大小。而且整舰采用了模块化设计，武器装备可以灵活更换。

45型驱逐舰是按照对付"导弹饱和攻击"的标准来设计的，是一艘"纯正"的防空驱逐舰。其作战系统是模仿美国海军的"宙斯盾"系统，组织起一套包括远程搜索雷达、大型相控阵雷达、中远程舰空导弹

下水时的45型导弹驱逐舰

和垂直发射系统构成的防空作战体系。这其中最引人关注的是英国自行研制的"桑普森"相控阵雷达系统。该雷达采用双面旋转阵列天线，内置于碳纤维复合球形抗风雨雷达罩内，每个阵面包括大约2600个收发单元，能够提供监视、跟踪和导弹中程制导支持，最大探测距离400千米，可同时跟踪500—1000个目标。该型雷达的球形天线罩安装在舰中部主桅杆顶部，成为45型舰的标志性设备。

　　"桑普森"雷达是"主防空导弹系统"的核心组成部分，该系统另一重要组成部分是安装在舰艏的A-50导弹垂直发射系统。48联装A-50导弹垂直发射系统采用的舰空导弹，是射程30千米的"紫菀"-15和"紫菀"-30主动雷达制导导弹。其中，"紫菀"-30导弹的最大速度达到4马赫，最大射程超过120千米，是西欧国家目前唯一可与美国"标准"-2导弹媲美的中程区域防空导弹。或许是雷达、电子设备和导弹发射装置占据了太多的舰内空间，45型驱逐舰的标准配置中竟然没有反舰导弹和轻型反潜鱼雷的身影，除了48单元的垂直发射系统，全舰的"重量级"武器就只有1门单管114毫米主炮和2门30毫米机关炮。

　　全电推进概念是45型驱逐舰的又一大亮点。45型舰最初设计时曾考虑过柴油发电机或是燃气涡轮发电机与电力推进相结合，

"桑普森"相控阵雷达的外部球形天线罩

但最后采用的是综合电力推进系统，使用2台罗尔斯·罗伊斯公司的WR-21型燃气轮机和阿尔斯通动力转换公司的电气推进电动机，使用综合电力推进系统后，可以确保军舰行驶时的稳定性和安静性。该型驱逐舰的设计最大航速29节，最大续航力7000海里。相当于从英国横跨大西洋前往美国的距离，这种续航力对于经常到海外活动的英军而言是至关重要的。

舰艇的A-50"席尔瓦"垂直发射系统

45型驱逐舰的内部装潢都充满人性化色彩，使得这种用于21世纪的海战平台"舒适得如同在四星级宾馆"一样。舰上共有110个双层床、26个沙发床和22张单人床，设施实际可容纳235人，而舰上官兵仅190人。士兵为每间舱室6人，取代了现役42型驱逐舰那种混乱的大舱室布局。水兵的娱乐空间更大，配有健身中心，还有CD播放器、充电插头和可上网的电脑等。舰上燃料箱容量相当于半个奥运会标准游泳池，空调能力足够适应极为炎热的气候，舰载发电设备提供的电力足以保证1个8万人城镇的1天用电量。

对于水面作战舰艇已严重短缺的英国海军来说，45型驱逐舰的建成无疑是"及时雨"和"雪中炭"。将为英国海军提供多样化作战能力，包括全球海上作战和与北约或其他盟国开展联合作战。据英国海军的设想，45

型驱逐舰将与后续的未来航母舰载机一道，为英国海军在兵力投送及保卫交通线的战斗中提供核心防空作战能力。今后45型驱逐舰既可单独作为一个作战单位，参与各种作战或非作战任务，又是英国未来航母战斗群或远洋舰队的重要组成部分。

45型导弹驱逐舰与最新的"伊丽莎白女王"级航空母舰训练想象图

2.6 法意合作典范"地平线"级驱逐舰

进入21世纪，欧洲大部分国家纷纷计划于2015年左右全面更新其武器装备，法、意当然也不甘落后。法国是传统的海军强国，也是最早的海外殖民国之一。而作为"二战"战败国之一的意大利，在"二战"后海军发展受到了极大的限制，长期以来海军的发展处在一种近乎停滞的状态。因此，研制现代高科技条件下局部战争所需要的新型战舰也就势在必行了。为了给"夏尔·戴高乐号"航母及未来的航母护航，法国海军急需先进的防空型舰艇。意大利同样如此，随着新航母"加富尔号"的建造，意大利对新型防空舰的要求也日益迫切。

为了能让"地平线"项目顺利进行，法国和意大利在2000年10月联合组建新公司，专门负责"地平线"项目的开发。"地平线"项目总预算为30亿欧元，其中约有1/3用于作战系统的开发。之后，法、意两国政府签署了关于修改"地平线"计划的谅解备忘录，首批为两国海军分别建造2艘舰。

法国"夏尔·戴高乐号"航空母舰

法国"地平线"级驱逐舰的满载排水量为6970吨，意大利版满载排水量为6700吨。法、意版舰长均为151.6米，法国版舰宽20.3米、吃水4.8米；意大利版舰宽17.5米、吃水5.1米。主机为2台LM 2500燃气轮机和2台柴油机，总功率可达69300马力，柴-燃联合动力推进，大大增强了其续航能力及远程作战能力。该级舰的最高航速可达29节，航速17节时续航力达到7000海里。由于自动化程度高，近7000吨的舰艇仅需200名官兵的编制。法、意两国的"地平线"级驱逐舰均装备"主防空导弹"系统，该系统由EMPAR雷达、48单元的"席尔瓦"垂直发射系统和"紫菀"导弹组成。

"席尔瓦"垂直发射系统

经过多方衡量，"地平线"级驱逐舰选定了EMPAR相控阵雷达。该

EMPAR 单阵面旋
转式相控阵雷达

雷达由意大利阿莱尼亚公司主导研发，可引导"紫菀"-15和"紫菀"-30防空导弹拦截目标。天线长、宽各1.5米，有2160个收/发模块，转速60转/分，输出功率120千瓦。对战机大小目标的最大搜索距离约150—180千米，对导弹大小目标的搜索距离为50—60千米，对掠海对舰导弹的搜索距离则为23千米，可同时测300个目标，追踪其中50个目标，并同时导引24枚防空导弹接战12个最具威胁性的目标。

与采用四阵面固定式SPY-1和APAR相控阵雷达系统相比，EMPAR单阵面旋转式相控阵雷达的成本、重量与体积皆比它们低，但EMPAR雷达的目标更新速率也比它们差，面对以高速接近的目标时可能会有能力不足的情况。配备于"地平线"级驱逐舰上的量产型EMPAR于2002年起开始生产，意大利海军的"加富尔号"航母已经配备了该型雷达。目前，该雷达系统在法、意两国新一代舰艇上已经累积了近40套的订单。

此外，"主防空导弹"系统还装备了一部马克尼公司的S1850M三坐标电子扫描对空、对海监视雷达作为辅助。该雷达是SMART-L雷达的派生型。S1850M雷达对空探测距离为400千米。S1850M与SMART-L雷达之间最主要的区别在于前者采用了新的基于商业现成硬件的信号处理结构，具有更高的天线转速和更强的电子对抗能力。这些改进将提高雷达在濒海环境中工作的性能，以及探测和跟踪高杂波环境中隐身目标的能力。

图中红圈处为S1850M三坐标电子扫描对空、对海监视雷达

法国研发的"席尔瓦"垂直发射装置共有两种型号：A43和A50。A43深度浅，仅能装填"紫菀"–15，A50深度大，既可发射"紫菀"–15又可发射"紫菀"–30导弹。两者占用的面积都相同，而且每个发射模块都拥有48个发射单元。"地平线"级驱逐舰采用的是A50，配置6组发射模块，共有48单元，内装16枚"紫菀"–15和32枚"紫菀"–30型舰空导弹。目前"席尔瓦"A50仅能装填"紫菀"–15和"紫菀"–30两种舰空导弹，不过法国已打算对"席尔瓦"进行改良，未来"席尔瓦"将能装填更多种类的导弹，包括法制"风暴阴影"海军型垂直发射巡航导弹等。

空射型"风暴阴影"巡航导弹

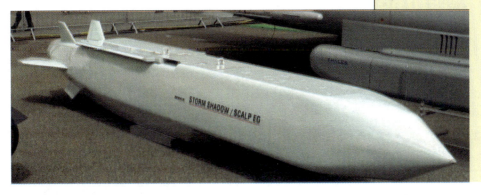

最初"地平线"级驱逐舰打算在2010年前后换装法国研发中的超音速反舰导弹，此导弹为先前设计的ANS超音速反舰导弹。ANS是20世纪80年代后期法国、西德合作设计的，打算用来替换法制"飞鱼"反舰导弹。然而在2000年法国国防部的评估中，却认为从冷战结束后到可预见的未来，法国海军不会遭遇非得依靠ANS才能解决的对手，认为现有的"飞鱼"亚音速反舰导弹便绰绰有余了，所以ANS计划便遭到冻结。2002年10月23日，法国国防部正式批准MM40 Block3增程型"飞鱼"反舰／对陆攻击导弹的研发。

MM40 Block3以涡轮发动机取代"飞鱼"导弹以往惯用的火箭发动机，射程由75千米增至180千米以上，但是弹重反而由原先的870千克降至780千克。突防能力大幅提高。MM40 Block3使用了"紫菀"防空导弹系列的矢量推力系统，能在发射后立刻转向目标，而这也使MM40 Block3具备兼容于垂直发射系统的潜力。

该级舰还拥有2座三联装鱼雷发射装置，配备新式MU-90型324毫米轻型鱼雷。航速50节，攻击深度超过900米，有效射程约11千米。为了防御鱼雷攻击，该级驱逐舰配备了SLAT鱼雷对抗系统，可以通过发射噪声诱饵等方式干扰来袭的鱼雷。

"地平线"级驱逐舰装备有法国自行研发的SENIT-8型号战术数据处理系统，该系统可以同时接收、追踪2000个由舰上雷达或从11号数据链、16号数据链等传来的目标信息。

由于"地平线"级舰是由法、意两国共同研制开发，其通用程度超过了90%，不过在部分武器系统上，法国、意大利版的"地平线"级舰各有不同。

法国选用MM40"飞鱼"导弹，意大利选用"奥托马特"MK3导弹。法国最初打算配备1门100毫米舰炮，不过后来改为2门"奥托·梅腊拉"76毫米速射炮（射速120发／分，配备隐身炮塔），并列配置于舰桥前方，还有2座"吉亚特"20毫米口径舰炮。意大利版"地平线"级驱逐舰则采用3门"奥托"76毫米速射炮，同样配备隐身炮塔，2门并列于舰桥前方，另1门位于直升机库上方，除了反舰攻击外还肩负近程防空任务。此外，还有2座25毫米自动炮。

法国的"地平线"级导弹驱逐舰

法国的"地平线"级驱逐舰配备1部4100CL首低频主/被动声呐以及1部DMS-2000主／被动拖曳阵列声呐，意大利版"地平线"级驱逐舰则使用1部2080型首低频主／被动声呐及1部2087型主／被动拖曳阵列声呐。意大利"地平线"可装备1架NH-90或EH-101直升机，而法国的只能装备NH-90直升机。除此之外，两国的"地平线"级驱逐舰还将使用不同的卫星通信系统。

"地平线"级驱逐舰为欧洲联合研制通用战舰提供了成功的范本。法、意两国在"地平线"级驱逐舰成功合作之后，目前正在进行FREMM新型护卫舰计划的合作。同时，"地平线"计划合作的成功，对于法、意两国解决防空战力的燃眉之急，对于加强在地中海乃至大西洋地区的海上军事力量也有着相当重要的作用。

意大利的"地平线"级导弹驱逐舰直升机机库上的"奥托"76毫米速射炮

2.7 三步走的韩国"KDX"级驱逐舰

朝鲜战争结束后，韩国海军一直躲在美国的保护伞下，装备主要以美援旧舰为主，只具备了"沿海防御"的能力。冷战结束，韩国海军在这个时候提出了"大洋海军"发展战略，即加快海军由"沿海防御"型向"远洋作战"型转变，提出建立一支确保海上通道、对周边国家具有牵制能力的地区性海上力量。

为配合军事战略的转变，韩国海军自20世纪80年代中期开始设计和建造具有远洋作战能力的新型导弹驱逐舰，即KDX计划。在时任韩海军参谋长安炳泰上将的奔走呐喊之下，KDX计划迅速一分为三，其终极目标是建造可与日本"金刚"级驱逐舰媲美的"KDX-3"级"宙斯盾"型导弹驱逐舰，并在此基础上组建远洋舰队。

首先出场的是"广开土大王"级（KDX-1级）驱逐

舰，舰长135.4
米，满载排水量
3900吨，首舰
"广开土大王号"
于1996年10月28
日下水，1998年7
月24日正式服
役，到2000年6
月共建成服役3艘。

KDX-1级首舰
"广开土大王号"

　　紧随其后的是"忠武公李舜臣"级（KDX-2级），舰
长增至154.4米，满载排水量达到5000吨，首舰"忠武
公李舜臣号"于2001年开工，2002年5月22日下水，
2003年11月正式服役，共建造6艘。从舰艇尺寸、排
水量及作战性能上看，"广开土大王"级（KDX-1级）驱
逐舰是韩国海军迈出近海的开始；"忠武公李舜臣"级
（KDX-2级）驱逐舰是韩国海军从近海走向远洋的过渡；
"世宗大王"级（KDX-3级）及后续舰则使韩国海军跨入
了远洋。

KDX-2级首舰
"忠武公李舜臣号"

第2章　"名剑"群英录

"宙斯盾"作战系统的核心，AN/SPY-1相控阵雷达

在研制KDX-3级之初，韩国海军就锁定了美国"宙斯盾"作战系统。2002年3月18日，美国国防安全合作局通知国会将向韩国出售3套"宙斯盾"作战系统以装备韩国海军3艘KDX-3级驱逐舰，售价高达12亿美元。

2003年，现代重工集团公司完成了KDX-3级驱逐舰的基本设计。2004年8月12日，韩国海军授予现代重工集团公司下属的特殊与军用造船分部合同，该分部作为KDX-3级导弹驱逐舰项目的主承包商负责建造该级舰。2004年9月，首舰在现代重工蔚山造船厂开工建造。2007年5月25日"世宗大王号"在万众瞩目中下水。在经过一年半的测试后，"世宗大王号"于2008年服役，第二艘和第三艘同级舰计划分别于2010年和2012年服役。

"世宗大王号"导弹驱逐舰以美国海军"阿利·伯克"IIA级驱逐舰为原型改进而来，但其上层建筑及桅杆等设计又与日本"爱宕"级驱逐舰颇有几分相似。实际上，无论是舰体设计还是武器系统都体现了集众家之长这一大特点，而这正是"世宗大王"级成为超级战舰的重要原因。该级舰标准排水量7650吨，满载排水量10300吨，舰长165.9米，宽21米，吃水6.25米，动力系统为全燃动力装置，使用4台LM2500型燃气轮机，总功率10万马力，最大航速30节，续航力5500海里，编制约300人。

"世宗大王"级拥有强大的探测和处理能力。舰载作战指挥系统选用美国最先进的"基线"7.1版,包括先进处理器(每秒可执行4800百万条指令)和分布式处理器(每秒1600百万条指令)与AN/SPY-1D(V)多功能相控阵雷达结合。除相控阵雷达外,舰上还装备有AN/SPG-62火控雷达、SQS21舰艏声呐、"奏鸣曲"电子战设备等电子系统。

超强的火力配系是"世宗大王号"超越其他"宙斯盾"驱护舰的重要因素。该舰的武器装备包括舰艏的1座MK45 Mod4型127毫米/62倍径轻型火炮;主炮之后上甲板的1座21联装"拉姆"型舰空导弹发射系统、后部上层建筑上的1座"守门员"30毫米近防火炮、舰中部4座四联装"海星"(SSM-700K)远程反舰导弹发射装置。前主炮后面,及上层建筑后部共配备128单元导弹垂直发射系统,其中美制MK41系统80单元,用于发射"标准"-2 BlockIIIA型和B型防空导弹,韩国自行研制的K-VSL垂直发射系统48单元,用于发射16枚韩国自行研制的"红鲨"反潜导弹和32枚"玄武"对陆攻击巡航导弹。另外装备有2座三联装324毫米鱼雷发射管,携带32枚"蓝鲨"轻型鱼雷。舰艉设有直升

"世宗大王"级导弹驱逐舰

机平台和机库，可搭载2架"超级山猫"反潜直升机。

具备对陆攻击作战能力是韩国对"世宗大王号"特别称道的地方，由于韩国把对陆攻击巡航导弹称为战略武器，"世宗大王号"因

"世宗大王"级舰艇的48联装MK41导弹垂直发射系统

此成为战略武器平台，其所使用的导弹是韩国自行研制的"玄武"对陆攻击巡航导弹，也称为"天龙"。韩国自20世纪90年代中期开始研制该型导弹，保密程度甚严，直到2006年9月21日韩国国防部才披露，韩军和韩国国防科学研究所历经10年努力研制成功了可以精确打击敌方重要目标的导弹，如国家首脑办公地、战略指挥中心等主要军事设施的"天龙"巡航导弹，射程为500千米，并可增加到1000千米以上。

直升机库顶前部48联装韩国国产K-VLS导弹垂直发射系统，后部32联装MK41导弹垂直发射系统

该型导弹外形上与"战斧"导弹非常相似，弹体为金属制圆柱体形，发射时导弹首先被弹射到半空中，然后再自动点火进入自主飞行状态。弹上配备有惯性导航系统和地形匹配影像对照系统，通过以地形匹配修正的惯性制导系统来

导向并命中目标，这种制导体制也与美国早期的"战斧"导弹相同，韩国军方称误差在3米之内，可对敌方重要目标进行"外科手术式"精确打击，而且该型导弹以较低的高度飞行，甚至能贴着地面以"蛇形"方式飞行，避免被地面雷达探测到，使敌方难以拦截。

作为"宙斯盾"驱逐舰，防空作战是"世宗大王"级驱逐舰基本且非常重要的作战能力。该舰的防空网分为内外2层，外层用于区域防空，由装备10座八单元MK41垂直发射系统，携带80枚"标准"-2 BlockIIIA型和B型舰空导弹进行拦截；内层防空主要用于舰艇自身防御，由荷兰"守门员"近防火炮和美国"拉姆"近程防空导弹共同把守。

韩国海军此前的"忠武公李舜臣"级驱逐舰装备了美制"标准"-2 BlockIIIA型舰空导弹，但因无"宙斯盾"系统，所以其能力无法得以充分发挥。"世宗大王"级驱逐舰装备"标准"-2 BlockIIIA型和B型舰空导弹与"宙斯盾"作战系统结合起来，可完成拦截敌方飞机、巡航导弹和反舰导弹的任务，而且还具备一定的拦

正在进行垂直发射"标准"-2防空导弹的"世宗大王"级导弹驱逐舰

截弹道导弹的能力，最大拦截距离170千米。2007年4月20日，美国决定向韩国出售150枚"标准"-2 BlockIIIB型和60枚"标准"-2 BlockIIIA型导弹。

"世宗大王"级驱逐舰装备本国研制的"海星"（SSM-700K）反舰导弹，韩国称为远程反舰巡航导弹，4座四联装共16枚导弹。另外，舰上MK45 Mod4火炮也可用于反舰作战及火力支援，除可发射传统的炮弹外，还可发射增程制导炮弹，射程达到117千米。

舰上声呐系统、反潜导弹、鱼雷及舰载反潜直升机构成了"世宗大王"级立体的攻潜作战体系。对潜探测由2架"超级山猫"反潜直升机及舰载声呐负责。其中直升机可在"世宗大王"级周围200千米范围内探索敌方潜艇。攻潜作战由舰上16枚"红鲨"反潜导弹、32枚"蓝鲨"轻型鱼雷及机载攻潜武器完成。

射程280千米的"海星"（SSM-700K）反舰导弹　　　　"红鲨"反潜导弹

"红鲨"是美国"阿斯洛克"反潜导弹的韩国版，弹长约4.5米，弹径约0.33米，最大射程10千米，战斗部可使用美制MK46反潜鱼雷，也可使用韩国"蓝鲨"轻型反潜鱼雷。整体外形结构、使用方式及作战性能等均与"阿斯洛克"反潜导弹相似。

自研制之始，韩国海军就把KDX-3级驱逐舰与"远洋海军"、"机动舰队"紧密地联系在一起。因此，从这个角度来看，"世宗大王号"下水是韩国海军加紧建设的缩影，是吹响远洋的号角。韩国认为，"世宗大王号"的出现，使韩国海军在与朝鲜海军的对峙中占据绝对优势，且可对付朝鲜的弹道导弹威胁。在应对来自海上的冲突时，能使韩海军有效应对地区争端，如专属经济区划分、海底天然气资源及日韩独岛主权归属争端等。

2.8 澳大利亚远洋先锋"霍巴特"导弹驱逐舰

澳大利亚四面环水，在20世纪60年代之前，该国海上防务主要靠英国帮忙。在20世纪60年代之后，鉴于英国国力日趋衰退，澳大利亚便弃英傍美，并一直延续到现在。不过，20世纪随着80年代"墨尔本号"航母和大量驱逐舰退役、"阿德莱德"级护卫舰成为主战舰艇后，澳大利亚海军就基本活动于近海。而在冷战结束后的20世纪90年代，"安扎克"级护卫舰的批量装备同样只是增强了近海作战能力，并未使澳海军的航迹重回大洋。

澳海军现役水面舰艇主力"阿德莱德"级和"安扎克"级护卫舰，都存在致命缺点，就是都不具备独立作战能力。如"阿德莱德"级的原型"佩里"级原本是美国用来补充"斯普鲁恩斯"级驱逐舰数量不足所造成的反潜缺口，以及填补装备远程舰空导弹巡洋舰防空间隙，作战能力比较

"阿德莱德"级护卫舰

"安扎克"级护卫舰

有限。但在澳海军中，"阿德莱德"级不仅失去了美海军的体系支撑，反而还要承担起防空重任。"安扎克"级虽然技术先进，但在设计上主要是用于低强度地区冲突，防空、反潜和反舰能力都属一般。这两级护卫舰无论是单独编队或是联合编队都难以在未来的高强度冲突环境中生存下来。更无法应对来自海上越来越复杂的非传统安全问题的挑战。

因此早在2000年，澳大利亚国防部就提出了建造新型防空驱逐舰的研发方案。该项目最初被称为"SEA 4000"（大洋4000）。总预算达70亿澳元以上，是澳大利亚未来10年里除"下一代空战武器"项目（F-35战斗机采购计划）之外的第二大国防项目。

澳大利亚海军对"SEA 4000"防空驱逐舰提出的性能要求主要包括这样几点：以防空作战为第一要务，同时承担舰队指挥中心的职责；在未来的登陆作战行动中，在保证本舰安全的同时，要为登陆部队和登陆舰艇提供防空保护，使其免遭敌军打击；具备先进的电子战能力，能够为澳大利亚空军战机提供保护；必须具备使用远程对陆攻击武器发起对地攻击的能力；必须具备弹道导弹防御能力；具备较低的使用维护成本、较强的生存能力和可修复性、较低的信号水平；能够搭载2架直升机或者无人机；该舰必须自动化程度较高，舰员编制不超过180名。

"SEA 4000"选型设计采用全球招标的方式。最终选择了西班牙纳凡蒂亚集团以F－100为原型舰进行改进的设计方案。原版的主尺度未做多大改变，但满载排水量从原版的5883吨增加到了6250吨，续航力随之增加，且舰上空间也有了一定改善，能够装载更多的武备和设备，包括增加1架舰载直升机和近防武器系统。

2006年1月20日，澳国防部宣布将3艘"SEA 4000"防空驱逐舰分别命名为"霍巴特号"、"布里斯班号"和"悉尼号"。由此，"SEA 4000"也就改

西班牙F－100护卫舰

称为"霍巴特"级防空驱逐舰。同年4月，澳正式与美国洛克希德·马丁公司签署了采购"宙斯盾"基线7.1系统和MK41垂直发射装置的协议，另外还同雷声公司签署了采购"标准"-2系列舰空导弹的协议。

"霍巴特"级驱逐舰的主要技术参数：舰长146.7米，舰宽18.6米，吃水7.2米，满载排水量6250吨，最大航速28节，航速18节时，续航力5000海里。舰型为中央船楼型，飞剪形舰艏外飘明显，中部船楼段有明显的折角线，小楔尾。全舰由27个模块组成，这不仅简化了建造工艺，缩短了建造周期，更重要的是升级改造比较方便。

"霍巴特"级驱逐舰继承了F-100型护卫舰的四层甲板概念——从底部向上，分别是压载舱、第一层甲板、第二层甲板和主甲板。主甲板是舱室甲板，第二层甲板则为损管甲板。为了增强防火能力，舰体被主舱壁隔离成多个垂直的防火区，防火区之间的间隔少于40米。为保证抗沉性，舰上还具有13个横向防水舱壁，其抗沉性能完全达到了美国海军的标准。此外，该级舰在舰体底部两侧还设有一对固定的梯状减摇鳍，可使舰艇在5级海况下保持稳定。在以巡航速度航行时，舰体的横摇角不大于2.5度，这对舰载直升机的作业非常有利。

在雷达隐身方面，通过采用倾斜式干舷、舷墙与上层建筑紧密整合，上层建筑各壁面内倾设计，转角采用圆弧过渡以及采用倾斜式桅杆，尽量减少外露物等措施来降低雷达反射信号；在红外隐身方面，通过在动力装置的通风设备上安装废气冷却系统可将排出的热废气与外部的冷空气充分混合，从而降低排气温度，以及采用舰壳洒水系统等措施来减小红外辐射信号；在磁隐身方面，通过舰上安装的与全球定位系统和GYPO系统相耦合的消磁系统，可不定期地为舰艇消磁，免除了使用消磁船或消磁站对舰艇进行消磁处理的麻烦；在声隐身方面，通过采用主机减振浮筏、弹性基座等技术以及采用低噪声设置来降低自噪声。但该级舰隐身措施还不彻底，主要表现在其主桅过于高大，而且没有采取封闭式设计，舰上仍有许多侧舷栏杆。这些都相对增加了雷达反射信号，所以该级舰的总隐身性能只能算是新一代驱护舰的中等水平。澳大利亚海军自然清楚F-100型的隐身性能优劣，但并未对此提出任

刚下水的"霍巴特"级导弹驱逐舰

何修改，可见澳海军对"霍巴特"级的关注度并不在隐身性能上。

"霍巴特"级的动力装置也完全继承了F-100型，采用柴燃联合形式。主机为2台通用电气LM2500燃气涡轮（总功率34.8兆瓦）和2台卡特彼拉3600型柴油机（总功率12兆瓦）。巡航时只采用柴油机，高速航行时燃气轮机和柴油机一起工作。

与F-100型一样，"霍巴特"级主要任务是海上区域防空，但后者在这方面的能力要比前者更上一层楼。"霍巴特"级采用的是最新版本"宙斯盾"基线7.1系统，性能要比F-100型上的"宙斯盾"基线5.3改进型系统（也称"分散式海军战斗系统"）高一个档次。"宙斯盾"基线7.1的最大特点是采用完全的开放式结构，大量采用商业标准件，升级方便、扩展功能灵活，能够整合任一作战子系统。

"霍巴特"级驱逐舰的主力防空武器系统与F-100型相同，都是48单元MK41垂直发射装置，其中40个单元装"标准"-2 Block IIIA舰空导弹，8个单元装RIM-162A"改进型海麻雀"（ESSM）舰空导弹（每个单元装4枚，共32枚）。目前，澳正在考虑采购专用反导型RIM-161"标准"-

3导弹装备"霍巴特"级驱逐舰，以构建海基弹道导弹防御系统。该型导弹射高和射程超过160千米和500千米。近程防御系统采用2座美制MK15 BlockIB"密集阵"系统。

"霍巴特"级对反舰的要求不是很迫切，所以采取了许多国家驱护舰的标准配置，2座四联装美制"鱼叉"反舰导弹发射装置，不过选用的反舰导弹是最新的RGM-84L"鱼叉"Block II。该导弹除主动雷达导引头外，还加装了INS/GPS制导系统以及"斯拉姆"导弹上的任务计算机，所以既能攻击海面上的舰艇，也能攻击港口内的舰艇和岸上93千米纵深的固定目标，实际上已是一种多用途导弹。

RGM-84L"鱼叉"反舰导弹

总体来说，"霍巴特"级的反潜战能力与世界上大多数发达国家的先进驱护舰基本相当，因为其既没有装备像AN/SQR-19这样的拖曳线列阵声呐，也没有装备"阿斯洛克"反潜导弹，因此在反潜探测能力和反潜层次上有所不足。

"霍巴特"级导弹驱逐舰上安装的MK45 Mod2舰炮

出于控制成本的考虑，"霍巴特"级并没有采用整体技战术性能更好的 MK45 Mod4 型 62 倍口径 127 毫米舰炮，而是继续像 F-100 型一样在舰艏安装 1 座较老的 MK45 Mod2 型 127 毫米舰炮，配有纳凡蒂亚集团 FABA 系统部生产的"多娜"雷达/光电火控系统。

具备了初步的拦截弹道导弹的海基防御能力，"霍巴特"级导弹驱逐舰将使得澳大利亚能够在远离澳洲本土上千千米以外的海域对来袭导弹进行拦截。这一方面提升了澳大利亚国土防空的有效性，另一方面也对亚太地区微妙的军事力量平衡增添了新的变数。不过，无论怎样，"霍巴特"级导弹驱逐舰必将成为 21 世纪澳大利亚海上力量的"中流砥柱"。

2.9 东瀛"宙斯盾"驱逐舰

1945 年 8 月 15 日，日本无条件投降，日本的海上主力已失去了作战能力。能投入使用的只有二十几艘驱逐舰。不过，为了扫除"二战"遗留在日本近海的水雷，旧日本海军近 1 万人的扫雷部队连同 100 余艘的扫雷舰艇和相关的扫雷装备都被保留了下来。

1946 年 3 月，日本通过《和平宪法》。在《和平宪法》第 9 条明确规定"日本永远放弃作为国家主权发动的战争，不保持陆海空军以及其他战争力量，不承认国家交战权"。不过，日本政府认为，第 9 条仅仅只是表示日本放弃战争权利，而不是禁止拥有自卫的军事力量。

1954 年，日本国会通过了《自卫队法》和《防卫厅设置法》，将之前的保安厅改为防卫厅，下设第二幕僚监部，所属的警备队改为"海上自卫队"。由此，日本海上自卫队横空出世！

进入 20 世纪 90 年代之后，针对海上自卫队"八八舰队"水面作战能力和防空作战能力相对较弱的现状，有针对性地开展了相关武器系统和水

"金刚"级导弹驱
逐舰首舰"金刚号"

"金刚"级驱逐舰
上"宙斯盾"相控阵雷
达特写

面舰艇的研制。亚洲第一艘安装"宙斯盾"作战系统的
"金刚"级导弹驱逐舰就在此时应运而生。"金刚"级总
共计划建造4艘，1990年5月首舰"金刚号"开工，
1998年3月全部完成，舰名分别为"金刚""雾岛""妙
高"和"鸟海"。

"金刚"级以美国"阿利·伯克"级I型导弹驱逐舰
为蓝本进行建造，总体设计基本相同，但也有些差异。
"金刚"级舰的主尺度和排水量比"阿里·伯克"I型级
舰大，长度增加7.2米，
宽度增加0.6米，排水量
增加了1135吨。"金刚"
级舰的上层建筑比"阿
利·伯克"级舰高一层。
更高的上层建筑也意味着
"金刚"级的SPY-1D相
控阵雷达高度要高于"阿
利·伯克"级，因此，

"金刚"级在搜索掠海飞行目标时的作用距离要比"阿利·伯克"级稍远一点。"金刚"级的SPY-1D相控阵雷达工作在F波段，主要负责对空搜索任务，有效探测距离370千米，而"阿利·伯克"级的SPY-1D雷达工作在E/F波段，负责对空和对海搜索，这也是二者的区别之一。

"金刚"级的武器配置也很全。首尾各有一组MK41型垂直发射系统，首部备弹29枚，尾部备弹61枚。MK41垂直发射系统可容纳各种导弹，"金刚"级配备的是"标准"–2防空导弹和"阿斯洛克"反潜导弹。早期配备的"标准"–2导弹为中程对空导弹（SM-2MR），射程为73千米。由于美国不断对"标准"–2系列导弹进行改进，其射程不断提高，目前"金刚"级装备的"标准"–2导弹最远射程已超过100千米。"金刚"上安装的"宙斯盾"系统和目标照射雷达可同时引导10枚"标准"–2导弹攻击不同的目标。另外，"金刚"级的防空武器还有2门MK15"密集阵"近防武器系统和4座MK36干扰弹发射装置。对舰武器主要有2座四联装的"鱼叉"导弹发射装置和1门"奥托"127毫米舰炮，"鱼叉"导弹射程130千米，是该级舰的主要反舰武器。

1998年8月，朝鲜试射"大浦洞"导弹后，日本借此为理由，积极谋求与美国的反导合作。同年12月，日本政府宣布加入美国海军战区弹道导弹防御计划（NTW），并且承担开发经费27亿美元中的12亿。同时负责该系统核心的"标准"–3导弹的红外导引头、KKV弹头（利用动能直接摧毁来袭导弹的弹头）、第二级火箭助推器、导弹头罩。

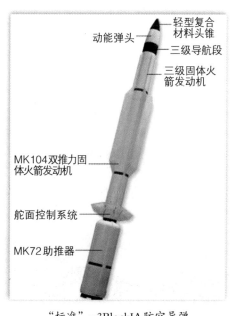

"标准"–3BlockIA防空导弹

进入2000年之后，日本在升级现有4艘"金刚"级以具备防空和反导能力的同时，积极建造在"金刚"级驱逐舰基础上改进而来的"爱宕"级驱逐舰。"爱宕"级在"金刚"级的基础上将舰体拉长4米，并增加了附有机库的尾楼结构，这使得"爱宕"级成为日本海上自卫队第一种具备直升机驻舰能力的防空驱逐舰，"爱宕"级的排水量较金刚级增加约500吨，满载排水量接近10000吨，使用当时最新的美制"宙斯盾"基线7.1型系统版本。

值得注意的是，该型系统具有极强的空中区域监控能力，并且极大的提高了弹道导弹防御能力。基线7.1系统的计算机处理系统首次采用了完整的现成先进商用处理计算机运作架构，运算速度是"金刚"级的处理系统的960倍，从而具备更快的反应速度，更强的系统效能。

SPY-1D（V）相控阵雷达系统是宙斯盾基线7型系统的重要组成部分，它具备自动的自适应雷达模式控制能力和更加强大的抗电子干扰能力，在雷达发射机、信号处理与控制计算机上都进行了改进，具有高速追踪和垂直搜索追踪目标能力，提高了探测低空掠海目标(如掠海飞行反舰导弹)和濒海环境中操作时滤除海面杂波的能力，并增加协同作战能力。与"金刚"级采用的SPY-1D相比，SPY-1D（V）最大的改进是提高了弹道导弹探测能力。SPY-1D雷达只能及时探测到像飞毛腿一类的中近程低速弹道导弹，而"爱宕"级的SPY-1D

"爱宕"级驱逐舰

（V）则能够在早期发现射程比较远、末端速度很高的中远程弹道导弹。日本引进的宙斯盾基线7.1系统与美国海军的自用版本最大的不同是删除了"战斧"巡航导弹武器控制系统，不具备发射"战斧"巡航导弹的能力。

"爱宕"级垂直发射系统的数量也较"金刚"级多了6个发射井，其前后各有一组MK41型垂直发射系统，首部64个发射井，尾部32个发射井。"爱宕"级驱逐舰在设计建造之初，就是以拥有强大区域防空能力和一定弹道导弹防御能力的新型"宙斯盾"驱逐舰为蓝本，后续的升级和改造空间大大优于"金刚"级。这就使得日本在相当长的时间内，依旧保持在亚洲范围内防空反导领域的领先地位！

通过观察可以看出，日本海上自卫队是脱胎于"二战"结束后的水面扫雷部队，在引进美援装备的基础上，逐渐发展壮大起来的。而美国也要求日本海上自卫队在太平洋西侧的海上辅助其防止苏联海军经对马、津轻、宗谷诸海峡进入太平洋以及中国海军穿越第一岛链同美海军争夺西太平洋的海上利益。因此，日本海上自卫队是美军在太平洋西侧的一支重要辅助力量。再加上日本独特的地缘特征，极其依赖海上交通线的通畅。因此，它的海上扫雷和反潜能力是遥遥领先于世界水平的。在装备有"宙斯盾"系统的"金刚"级和"爱宕"级驱逐舰加入日本海上自卫队及其"八八舰队"之后，其海上的防空能力也有了长足的进步。然而，作为一型驱逐舰，过度的关注于海上防空和反导能

2005年下水的"爱宕"级首舰177号"爱宕号"

力，对其综合作战性能的忽略，使得"金刚"级和"爱宕"级在面对攻防体系完备的对手时，只能做出消极的防御，这一点不是一个正常海上大国所能接受的。因此，今后日本驱逐舰的发展在保证防空反潜能力的同时，将会对整体攻防能力做出更大的突破。

2.10 低成本的"佩里"级导弹护卫舰

20世纪60年代的苏联海军发展速度可谓"井喷"，一艘艘大型水面舰艇和核潜艇走马灯般从船台上滑下。到20世纪70年代中期美军出兵越南时，美苏之间的舰艇数量之比已经达到436：740，而且还有继续扩大的趋势。尤其是苏联大量巡航导弹核潜艇航速快，下潜深，攻击能力增长迅速。而与此同时，美海军防空系统的可靠性和有效性却都面临着严重问题。为了满足海军的需要同时受限于紧张的经费，美军决定不再建造单一用途的舰只，而是建造一种同时可用于反潜和填补区域防空空隙的多用途舰只。但对于关键性能如系统、设备自动化等决不降低标准。出于通用性的考虑，美国决定直接使用"斯普鲁恩斯"级的主机和传动系统。

1971年中期开始初步论证，1972年4月交由纽约吉伯斯公司和考克斯公司进行整体设计，1973年5月开始进行技术设计，而与此同时巴斯钢铁公司也已开始施工设计。首舰"佩里号"于1975年6月开工，1976年9月下水，1977年12月投入现役，从此开创了

"斯普鲁恩斯"级的主机，LM2500燃气轮机

一个建造数量的神话。该级舰最后一艘FFG-61"英格拉姆号"于1989年8月5日服役。

"佩里"级的设计建造充分借鉴了"斯普鲁恩斯"级的经验，有着很大的继承性。该级舰采用平甲板舰型，有利于加强舰体强度，适航性也较好，是美军驱护舰一贯采用的传统舰型。为改善前甲板上浪，还专门设置了防浪墙。受"斯普鲁恩斯"级的影响，"佩里"级舰体前部剖面呈V形，舰艉剖面呈U形，全长135.9米，最大宽度13.7米，编制舰员200人（其中军官15人，空勤人员19人）。

"佩里"级剖面图

"佩里"级采用全封闭设计以提高"三防"能力，上层建筑比较庞大，四周只设少数水密门，形成一个封闭的整体，这样就能为舰员和设备提供更多的空间，有利于改善居住条件和增强适航性。舰员平均占有19.6平方米的舱室面积，舒适性大大提高，对于长时间远海作战保持体力益处良多。内部总体设计考虑了将来作战系统和作战样式的发展，在许可限度内保留有一定的扩展空间。

舰艉的直升机机库早期型为单机库，后期型改为双机库。后来，早期型的单机库也改为双机库。为此，舰体由135.9米加长至138米，排水量由3658吨增加至4100吨。由于直接采用了"斯普鲁恩斯"级的主机和传动系统，因此动力系统的设计和施工非常顺利。"佩里"级的动力系统采用2台LM2500燃气轮机，41000轴马力，可获得29节的最大航速，航速20节时续航力为4200海里。

"佩里"级尾部的双机库

LM2500的核心机基于通用电气的CF6系列涡轮风扇发动机。美军主要水面舰艇（"提康德罗加"级巡洋舰、"伯克"级驱逐舰、"斯普鲁恩斯"级驱逐舰、"佩里"级护卫舰）的主机均为LM2500。既为美军节省了大量维护经费，也为战时修理提供了极为便利的条件。为提高动力系统的生存能力，主机舱采用了交错设计，并首次设置了2个辅助动力系统（升缩式螺旋桨，功率650马力），确保双机停车时依然有应急动力。由于装备LM2500的舰都有一定的反潜要求，因此主机和机舱都采用了大量降噪设计。LM2500的降噪系统主要由进气消声器、排气消声器、主机隔声封闭罩和冷却空气消声器组成。主机隔音密封箱罩壳的隔层和内壁均有消声效果，消声系统有效使用寿命20年。推进系统为单轴单桨，螺旋桨为变距桨，倒车依靠改变桨距实现，不需要专门的螺旋桨反转齿轮组。

"佩里"级装备的对空警戒雷达为雷神公司研制的AN/SPS49两坐标雷

达，是AN/SPS40的改进型，采用栅格扭曲抛物面天线，最大作用距离460千米，全重14574千克，能在复杂的电子环境中工作，具有良好的抗有源干扰和无源干扰能力。方位精度极高，能准确进行目标监控，可同时跟踪255个目标。现役"佩里"级装备的拖曳阵列声呐为AN/SQR-19型，该声呐的使命是对潜艇远距离探测、噪声测向、跟踪和识别，对水面舰艇也具有远距离探测能力。

"佩里"级的电子战系统为美军标准的AN/SLQ-32舰载电子战系统，现役"佩里"级上既有装备AN/SLQ-32（V）2型的，也有加装极高频（EFH）发射机的AN/SLQ-32（V）5的。系统主要任务是对抗来袭反舰导弹，负责舰艇点防御，具有对导弹信号截获率高和系统总反应时间短的特点。另外，AN/SLQ-32还负责控制MK36干扰发射装置在适当时机发射干扰弹。"佩里"级的火控系统为MK92，仿制改进于荷兰信号设备公司的M20系列中的M25/57系列，最初为导弹艇等小型舰艇所开发。MK92负责为"标准"-1导弹提供连续波照射，但是由于波束角度窄的缘故一般每次只能瞄准一个目标。

"佩里"级的主要使命是为航母编队、两栖特混舰队、海上补给编队和军事运输提供反潜、防空、对海防御，其重中之重是反潜和填补防空空隙。"佩里"级的武备鲜明地表现出其定位，装备"标准"-1舰空导弹（MK13发射架，备弹36枚）执行防空任务；MK13也可发射"鱼叉"反舰导弹（备有4枚），在保证拥有一定反舰作战能力的同时，又减少了专门发射装置。远程搜潜由反潜直升机完成，近程攻潜则有MK46鱼雷负责。

"佩里"级上发射"标准"-1导弹用的MK13发射架为单臂回转发射架，理论最大发射速率为15发／分，实际射速与之接近，考虑到"佩里"级通道数量有限，这个射速足够应付通常的防空作战。

"佩里"级的反潜武器为MK46轻型反潜鱼雷和直升机，未装备"阿斯

MK13发射架发射"标准"-1防空导弹

洛克"反潜导弹，这是因为4000吨级的舰艇容积和空间都是有限的。"佩里"级搭载的直升机早期为SH-2G"海妖"，后期改装后改为搭载两架SH-60B"海鹰"。

"佩里"级的舰炮装备是一门MK75型76.2毫米62倍径主炮和一座MK15"密集阵"近防系统，全部布置在上层建筑上。为保证"密集阵"近防系统的射界，只有安置在舰桥之后烟囱之前，既不能向前也不能向正后方射击，只能采取平行射击法。考虑到"佩里"级在作战中主炮的辅助性地位，这一点无可厚非。

至于"密集阵"系统没有前方射界，是由于西方海军认为反舰导弹从雷达反射截面积小的舰艇方向来袭的可能性小，况且反舰导弹高速来袭的过程中相对位置瞬息万变。据此可以认为，"佩里"级将近防系统设置在导弹最可能来袭的方向

MK15"密集阵"近防系统

是合理的。

1987年5月17日21时12分，伊拉克"幻影"战斗机发射两枚AM39"飞鱼"反舰导弹，其中一枚导弹从左舷前方115度击中

"斯塔克号"被"飞鱼"反舰导弹命中部位

了美国海军"佩里"级护卫舰"斯塔克号"（FFG-31）。"斯塔克号"遭袭后，舰体严重倾斜，立即丧失战斗力，后因损管得力才幸免于沉没。当时某些媒体渲染是因为"密集阵"射界的缘故，从而导致被掠海飞行的"飞鱼"导弹命中。

事后经过调查才发现事实并非如此，"斯塔克号"被命中是自身的原因。舰上的MK92 Mod 2火控系统和SPS-49雷达都是老型号，没有经过后来的对付低空目标的改进。虽然SLQ-32（V）2电子战系统截获了"幻影"火控雷达的搜索和锁定信号并进行了判别确认。然而SLQ-32（V）2处于故障状态，无法下达发射箔条弹的指令。况且当时MK36干扰发射装置也没上弹，即使SLQ-32

正在进行抢修的"斯塔克号"

（V）2工作正常也无弹可射。由此可见，"斯塔克号"被命中不能仅仅归咎于"密集阵"的射界问题。不过，"斯塔克号"没有重蹈"谢菲尔德号"覆辙的原因在于机舱没有受到破坏。"谢菲尔德号"被命中之后，"飞鱼"导弹战斗部未爆炸，但导弹剩余燃料引发的火灾和电缆等易燃物燃烧产生的有毒气体导致机舱停止工作，舰艇损管丧失所必需的动力，火灾蔓延失去控制。而幸运的"斯塔克号"最终经过修理之后依靠自身的动力驶回美国，在接受大修后重回舰队服役，1999年5月"斯塔克号"退役。2015年9月29日，美国海军"佩里"级"考夫曼号"（FFG-59）退役。至此，美国海军"佩里"级护卫舰全部退役。

美军一般不会将本国高性能武器装备出售，外销大型武器系统都要降低性能使之低于美国自用系统。即使不作降格处理，高昂的价格也会使大多数潜在客户望而却步。而"佩里"级价格相对低廉，性能比较全面，加之又是美军低端舰艇，因此成为20世纪80—90年代美国大中型舰艇出口的主力。目前澳大利亚、西班牙、土耳其、埃及、巴林、希腊、波兰、中国台湾、泰国、墨西哥、埃及、巴基斯坦都有"佩里"级服役。

澳大利亚海军拥有的6艘"阿德

舰艇改装 MK41 垂直发射系统的"阿德莱德"级导弹护卫舰

莱德"级导弹护卫舰比较有特色。前4艘原为美国海军FFG-17、FFG-18、FFG-35、FFG-44，后2艘为澳大利亚川斯费德造船厂建造。澳大利亚的"佩里"级主要加装"拉姆"近程导弹系统，SLQ-32（V）2升级至（V）5型，数据链、声呐和承载性进行改进。目前还加装了MK41垂直发射系统，发射"标准"-2导弹。MK92火控系统也将相应升级至（V）12型，用以制导"标准"-2导弹。

此外，土耳其海军10艘，埃及海军4艘，希腊海军3艘，墨西哥海军2艘，泰国海军2艘，巴林海军1艘都是美国外销或者转赠，中国台湾则以"佩里"级为原型建造8艘"成功"级。

美国在当时条件下为限制台湾，降低了部分性能。比如SLQ-32没有直接卖给台湾，仅给了台湾相关技术开发出"长风"4系统，该系统可认为是SLQ-32（V）2的仿制型号。SQR-19声呐也未提供，只给了台湾的过渡型号SQR-18。但台湾海军1995年1月订购的一套AN/SPS-49（V）21型雷达和2套AN/SPS-49（V）5型雷达，实际上均达到最新的AN/SPS-49A的水平。"成功"级针对台湾海军的需要进行了不少改进。主要改进为加装"雄

舰体中部安装了"雄风"2反舰导弹发射器的"成功"级

第2章 "名剑"群英录

风"2反舰导弹;加装两门"博福斯"40毫米炮和3门T75型20毫米机关炮;舰体安装"大草原"气幕降噪系统等。

"佩里"级的外销不仅收到了经济上的利益,更为美国拉拢盟国及盟友、占领水面舰艇出口市场提供了有效手段。"佩里"级上的装备都是美军制式装备,为盟国及盟友海军与美军协同打下了物质上的基础。更重要的是,随同舰只一起引进的11、14号数据链能将引进国家、地区的海军和美军有机结合在一起。美军将退役"佩里"级出售或赠送他国不应该仅仅看作经济行为,更是为未来的联合作战做准备,同时在政治上向潜在对手施加压力。

2.11 "日不落帝国"的23型导弹护卫舰

"二战"结束后,由于国力日衰,英国皇家海军的建设受到了极大影响。不过,在美苏冷战期间,英国皇家海军仍然担负着重任,负责阻止、拦截苏联核潜艇和水面舰艇部队沿格陵兰—冰岛—英国一线南下进攻。为此,英国皇家海军建造的水面舰艇特别强调反潜,尤其是20世纪70年代建造的22型"大刀"级护卫舰,无论在舰体设计、武器装备还是关键的

22型护卫舰

反潜性能方面都达到了很高水平，对跟踪、打击当时苏联海军所装备的各型核潜艇都有很高的作战效能。不过，随着时间的推移，苏联海军核潜艇的整体技术性能不断提高，使得现役的22型护卫舰无法满足反潜作战的要求。另外，22型护卫舰的造价过高，建造数量有限，不可能全部用于替换老旧的护卫舰，所以很有必要新建造一种反潜能力强、造价低廉的新型护卫舰来替换。在此情况下，23型护卫舰计划出台了。

着眼于20世纪80年代及未来可能出现新的战场威胁，一些新作战思想和要求被注入23型的设计之中。1981年初，英国重新制订方案，要求新型护卫舰具备全新拖曳式阵列声呐的应用能力：采取降噪、隐身措施，降低声、光、雷达、红外等外部特征；舰上设置固定直升机机库和相应的维护设施；具备较强的远海航行能力，除具备在北大西洋海区进行作战航行的能力外，还要具备在世界其他各大海域进行作战、巡逻的能力。可以看出这个方案基本上满足了英国海军20世纪80年代中后期乃至21世纪初的海上作战要求，得到了各方面的认可。

但就在此方案最终确定时，1982年发生了战后第一场现代化的海空大战——英阿马岛海战。英国虽然最后取得了这场战争的胜利，但损失也是巨大的，其水面舰艇设计中存在的诸多问题被暴露出来，而对这些问题的解决与改进被首先应用到了新型23型护卫舰的改动设计中。因此，对其舰载武器、舰体结

23型护卫舰

构等进行改进后的最终方案到1983年才被确定下来。

最终定型的23型护卫舰已由最初的轻型反潜护卫舰变为了中型多用途护卫舰。其首舰于1985年12月在英国亚罗造船厂开工建造，1987年7月下水，1990年6月1日服役。该型护卫舰原定建造23艘，但由于世界安全形势的变化，最终只建成16艘（最后一艘"圣奥尔本斯号"于2002年6月6日服役）。

23型护卫舰虽经过多次方案修改，增加了很多原先没有装备的武器及电子设备，但在成本方面仍然控制得较好。根据英国公布的资料，首舰"诺福克号"的建造费用为2.1亿美元，比之前的22型护卫舰低30%，而后续舰的建造费用都没有超过首舰费用。

23型采用的是长首楼、平甲板舰型，外形中规中矩，舰艏甲板舷弧较大，首柱前倾明显，干舷较高，有利于提高远洋航行及高海况条件下的航行性能。上层建筑放弃了易燃的铝质材料，改由高强度、耐高温的优质钢材焊接而成。总体上由三部分构成，前部安置有武器及舰桥，中部为烟囱，尾部为一大型直升机机库和直升机起降甲板。为提高生存力，该级护卫舰上采用了较多的隐身措施，以达到较好的红外、雷达、声学隐身目的。尽量避免采用垂直面，主桅、烟囱及直升机机库大多采用多面体设计。改善发动机排气口设计，通过采用红外抑制装置，降低了烟囱排烟的红外特征。同时，动力装置采取了较多的降噪措施，如对主、辅机进行双层弹性隔振，用隔音密封箱装体，对机舱区加装先进的"气幕"降噪系统等。虽然23型护卫舰的隐身性能与21世纪后新型护卫舰相比还有很大差距，但作为一种20世纪80年代初设计的护卫舰，采用这些众多的隐身措施已是非常有前瞻性了。

23型护卫舰的舰体纵向一共分成12个水密室，可以保证在相邻两舱进水时不沉。在指挥中心、动力装置、弹药舱等关键部位还增加凯夫拉装甲保护，比单纯采用装甲钢板的防护能力至少要提高3倍以上。另外，23型护卫舰吸取马岛战争中42型驱逐舰损管设计欠缺的教训，在这方面做了相当大的改进，23型护卫舰拥有4个隔壁墙、5个消防区，而且各区域之间相互独立，各有独立的一套通风系统。舰上的装饰材料更换为无毒、阻燃材料，并增加了供氧装置的数量。全舰一共设有11台电动抽水泵和20台人工抽水泵，可在最短的时间内抽出通过破损处进入舰体舱室内部的海水。

23型护卫舰剖面图

23型护卫舰最与众不同之处当属其独特的动力装置。在20世纪80年代，世界各型护卫舰的动力装置应用最多的就是柴油机动力。而23型由于反潜作战的考虑，首次采用了柴电燃联合动力，这不仅满足了其高、低速性能及长续航力的要求，而且最大程度地解决了反潜作战时低噪声航行的问题，可以有效提高声呐探测设备的反潜探测效率。23型护卫舰采用2台英国罗尔斯-罗伊斯生产的斯贝1A型燃气轮机，最大输出功率为31100马力，4台帕克斯曼高速柴油机，输出功率8100马力，2台GEC型电动机，输出功率4000马力，驱动2个5叶大侧斜螺旋桨。

为了阻止燃气轮机、柴油机、发电机等装置所产生的振动噪声向外传

23型后部直升机甲板搭载的"EH101"反潜直升机

播，舰上的柴油机和发电机并没有装在主机舱和辅机舱内，而是放在一个整体式的减震浮筏上安置在上甲板，而燃气轮机和其他传动设备则被安装在密闭的动力舱室内，使23型护卫舰的整体航行降噪水平在世界上处于领先地位。即使在今天看来，23型仍然是世界上航行噪声最小、安静性最高的护卫舰。

23型护卫舰对反潜能力的要求较高，其主要目标是对付20世纪80年代后期出现的新型安静型核潜艇，因此该级舰装备了包括"山猫"或"EH101"反潜直升机、2050型主/被动声呐、2031Z型拖曳式阵列声呐、反潜鱼雷所组成的反潜系统。

23型护卫舰除了有良好的反潜能力外，也没有忽视防空和反舰能力。为了增强23型护卫舰的防空能力，英国国防部在1983年批准了垂直发射"海狼"Blockl型舰空导弹的研制计划，

"海狼"Block1导弹的垂直发射筒集储运与发射功能于一体。发射筒的筒体由铝合金制成，具有重量轻、结构坚固、可重复使用的特点。除筒盖外，整个发射筒没有其他活动部件，装舰后不用维护，可靠性极高。

为了进一步提高"海狼"Block1舰空导弹的反导能

力，英国海军在2001年开始研制更为先进的"海狼"Block2导弹，主要改进了导弹的雷达跟踪系统，增加了红外跟踪探测系统，换新的电动弹翼控制系统和新型红外近炸引信，增加了导弹射程。改进后的"海狼"Block2舰空导弹从2003年8月开始测试，2005年初进入批量生产。

防空作战时，由主桅顶部的996型雷达为"海狼"导弹系统提供目标参数。996型雷达是一种先进的多目标三坐标对空搜索雷达，工作在X波段，对战斗机目标的探测距离在150千米以上，对反舰导弹的探测距离为25千米，可同时跟踪150个海空目标。当雷达发现并识别出目标后，"海狼"导弹系统开始自动工作，由911型跟踪制导雷达和电视跟踪器选定并截获目标，随之发射导弹。

23型护卫舰上的反舰武器主要是舰舯交叉布置的2座4联装美制"鱼叉"Block1C型反舰导弹发射装置。该型导弹射程140千米，飞行速度0.85马赫，弹长4.49

正在发射"鱼叉"反舰导弹的23型护卫舰

垂直发射的"海狼"防空导弹

米，弹径0.34米，弹重627千克，具有90度扇面发射能力，弹翼折叠后存放在密封的圆形发射筒中。战斗部为重220千克的半穿甲爆破型，带有延时触发引信和近炸引信。导弹在巡航时的飞行高度为30米，在末端则下降到5米直至命中目标。"鱼叉"采用惯性加末端主动雷达制导，但英国采购的这批"鱼叉"导弹并没有采用原来所用的PB-53主动雷达导引头，而是换上了英国"海鹰"反舰导弹所使用的单脉冲主动雷达导引头。这种导引头工作在J波段，探测距离在30千米以上，目标捕获概率在95%以上。

除导弹武器外，23型舰上还装有1座MK8型114毫米舰炮和2座DS30型30毫米小口径舰炮。MK8型114毫米舰炮是英国大量装备的一种大口径舰炮，主要用于对海、对岸攻击，必要时也可用于防空。炮长为55倍口径，最大射程22千米（对海）、11千米（对空），最大射速25发/分，初速867米/秒。

23型舰的舰体两侧还各装了一座DS30型30毫米单管舰炮。这种自动舰炮具有重量轻、精度高、射速快、反应迅速、可全天候使用的特点，其最大射程为7300米，最大射速600发/分，自动化程度常高。舰炮装有瞄准稳定装置，可全自动射击，也可由人工操纵射击。不过，从综合作战性能上讲，该30毫米炮用作近防系统效果并不理想。

从总体性能上看，23型可以说是一种性能先进的多用途护卫舰，特别是其在相对较小的外形尺寸及排水量的条件下，反潜、反舰、防空达到了世界先进水平。23型护卫舰造价相对于同时期建造的其他护卫舰要低廉得多，而整体作战性能却又高出不少，所以该级舰是一种设计相当成功的低成本、高效能护卫舰。

英国皇家海军将23型护卫舰和22型护卫舰两者进行了合理的编组，以发挥出两种护卫舰的最大效能，使这种组合达到1+1>2的效果，特别是在45型驱逐舰服役后，这种混合编组的效果将更为明显。所以，23型护卫舰在未来较长一段时间内仍将作为英国皇家海军主力舰艇出现在世界各大洋上，为维护英国的海外利益及国家安全服务。

2.12 半岛守护者，韩国FFX级隐身护卫舰

FFX隐身护卫舰主要用来取代韩国海军的现役近海水面舰艇主力，9艘"蔚山"级多功能护卫舰、4艘"东海"级和24艘"浦项"级轻型护卫舰。

"东海"级轻型护卫舰

20世纪70年代至80年代开始建造的"东海"级和"浦项"级轻型护卫舰排水量只有1000吨左右，主要用于在朝鲜海边界执行警戒与巡逻任务，其作战半径非常有限，很难执行远洋作战任务。而于20世纪90年代先后服役的"蔚山"级护卫舰虽然配备了非常全的近程作战武器，但其防空能力却非常薄弱，只是在服役后才配备了防空能力一般的"西北风"近程防空导弹，舰载防空雷达也不能实施远距离目标探测。而且到21世纪初，这三级37艘护卫舰的服役时间大都超过了20年，舰体结构已经严重老化，即使服役时间最短的"蔚山"级护卫舰也出现了结构上的问题，舰体上层建筑已经出现龟裂现象，技术故障时有发生，已经不能用于极端气候条件下的执勤与巡逻任务，更不能参加由美国海军第三舰队主导的太平

"浦项"级轻型护卫舰

洋远洋航海作战训练任务，只能执行一些例行的海岸警戒与巡逻等任务。

鉴于上述情况，韩国海军便开始启动了新型护卫舰的研制、开发建造计划，以满足新时期作战环境不断变化的需要，这就是现今的FFX隐身护卫舰计划。FFX隐身护卫舰未来将会装备韩国海军第一、第二和第三舰队，每个舰队配备数艘，主要针对韩国12海里领海及200海里专属经济区执行警戒与巡逻任务，并在沿海地区承担反舰、反潜巡逻作战任务，预计最低建造数量为12—15艘，但能否最终实现要看经费能否支持。

从1998年10月开始，韩国海军就着手审查和研讨未来护卫舰的研制计划，从2001年7月开始至2002年2月，又进行了未来护卫舰概念设计可行性研究。

在FFX隐身护卫舰计划提出到概念设计可行性研究这段时间里，韩国海军与朝鲜海军巡逻艇之间发生了一系列炮击事件。于是韩国海军高层就提出，研制中的未来FFX隐身护卫舰必须提高应对各种沿海威胁的能力。因此，FFX护卫舰的概念设计首先就要求必须具备警戒舰与巡逻舰的作战功能。然而，此时的韩国海军还在实施着面向未来远洋作战的"战略机动舰队"的研制计划，主要包括两栖攻击舰、"世宗大王"级"宙斯盾"防空驱逐舰以及"孙元一"级AIP常规动力潜艇等大型舰艇的研制设计。这些大型舰艇的研制和建造不但需要非常庞大的军费开支，而且服役后还需要大量的舰员编制，可是韩国的人口出生率却在连年下降，适龄青年的数量严重不足，很难保证大力扩充海上作战舰艇所需的人员编制。有鉴于此，韩国海军决定退役"蔚山"级护卫舰，"东海"级和"浦项"级轻型护卫舰等排水量小而舰员编制多的老式舰艇。而与此同时也要求新研制的FFX隐身护卫舰设计力求节约，尽可能减少人员编制。

　　FFX隐身护卫舰的第二次基本设计方案中的反舰武器是2座4联装韩国国产SSM-700K"海星"反舰导弹系统，但在最终设计方案的模型上则将"海星"反舰导弹的数量增加了1倍，为4座4联装发射系统，该反舰导弹发射装置安装在动力推进系统排气孔和直升机机库之间。

SSM-700K"海

FFX模型图

星"反舰导弹弹长5.7米，弹径0.54米，发射全重660千克，战斗部重量为500千克高爆炸药，推进装置采用一部SS-760K型涡轮发动机，最大射程150千米，制导方式为惯性制导加全球卫星定位(GPS)的复合制导方式，弹道末段采用主动雷达制导。由于FFX护卫舰防空雷达不具备超视距对海对空搜索能力，因此"海星"反舰导弹作战时主要通过舰载16号数据链接收舰载直升机、反潜巡逻机或者其他作战舰队传输过来的海上目标情报。

FFX护卫舰的反潜武器主要包括布置在动力推进系统排气孔左右两侧的2座三联装MK32型324毫米鱼雷发射管和1架反潜直升机。

FFX护卫舰的防空武器系统是一座安装在舰桥上部的21联装MK49"拉姆"导弹发射装置，用于发射RIM-116B "拉姆"（RAM）Block1型近程防空导弹。

"拉姆"导弹采用9.09千克重的连续杆式破片战斗部，激光近炸引信，制导方式为被动雷达与红外成像联合，具备"发射后不管"功能。导弹的发射时间间隔为3秒，在拦截超近程反舰导弹等目标时要比采用垂直发射的舰空导弹有更快的反应速度，因为后者需要升空、转向、拦截等更多的空中动作。换句话说，"拉姆"导弹只需将发射装置转向至来袭导弹方向，即可发射导弹，拦截目标。因此，"拉姆"导弹可有效拦截多方向袭击的反舰导弹目标（包括做蛇形规避动作的掠海飞行超音速反舰导弹），具备一定的末端抗饱和攻击能力。

韩国海军原先倾向于给FFX护卫舰装备由韩国WIA公司开发的76毫米舰炮，然而近年来韩国海军与朝鲜海军警戒

21联装MK49"拉姆"导弹发射装置

巡逻艇之间不断发生的海上冲突显示，在实战中，舰炮口径越大，威慑能力和作战效果越好，这样在执行沿海巡逻任务时，无论是对海攻击还是对陆打击都不吃亏。因此，韩国海军最终决定给FFX护卫舰装备美制MK45 Mod4型127毫米62倍径舰炮，而韩国国内由美国授权生产的名称为KMK45型舰炮。该炮的射速为16—20发／分，虽远不及"奥托"76毫米舰炮100发／分，但其杀伤和破坏力却远远超出，穿透力是76毫米舰炮的3倍以上，而爆炸威力更达到6—8倍以上。据韩国海军常年积累的作战经验来看，1或2发127毫米炮弹击中朝鲜海军的水面警戒巡逻艇就足使其丧失全部作战能力。

FFX护卫舰在概念论证阶段曾考虑过使用全电动力推进系统，但最终由于成本问题而放弃。最终确定的动力系统是与目前韩国海军水面舰艇类似的柴燃交替形式，主机为2台美国通用公司的LM2500型燃气轮机，总输出功率可达到58200马力（42.81兆瓦）；辅机为2台德国MTU公司生产的MTU20V956TB92型柴油发动机，总输出功率4.369兆瓦。由燃气轮机提供高速航行动力时，其最大航速可达到32节。由柴油机提供巡航动力时，其航速为18节，续航能力为4500海里。

FFX护卫舰的雷达主要有三部：一部是由泰利斯荷兰公司授权许可生产的SMART-S MK2型三坐标多波段防空雷达，布置在舰桥后部的主桅上；一部是瑞典萨伯公司生产的CEROS200型火控雷达，布置在"拉姆"导弹发射装置的后方；一部是导航雷达，布置

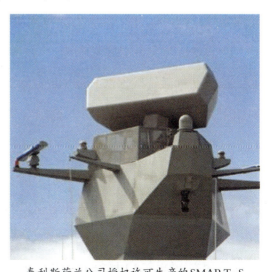

泰利斯荷兰公司授权许可生产的SMART-S

在舰桥前方。此外，FFX护卫舰还可能装备一部美国"诺斯罗普·格鲁曼"公司研制的SPQ-9B型对空对海搜索雷达。

目前，韩国海军的舰载作战指挥系统大部分都购自欧美国家，但FFX护卫舰的作战指挥系统将会打破这种常规，选择由韩国三星"泰利斯"分公司在"犬鹫"级导弹艇的作战指挥系统基础上改进而来的型号。据称韩国海军对FFX护卫舰的作战指挥系统投资总额达到了1564亿韩元。在每艘FFX护卫舰建造成本中，作战指挥系统所占比例达20%—30%，可见其先进性能是不可低估的。这种新型舰载作战指挥系统的最大特点是采用了商业标准的开放式结构，具备非常好的扩展性，能够很方便地进行升级换代。

FFX护卫舰的声呐系统由STX造船厂与三星泰利斯公司联合开发，为一部KHMS型舰壳声呐。虽然该声呐本身采用了泰利斯公司的成品，但是，接收机、发信机和声呐圆顶天线却是由泰利斯公司为FFX护卫舰量身定制的全新产品。

鉴于以往引进的外国电子战系统无论是技术性能还是作战运用都受到多方面的限制，因此，FFX护卫舰将采用由韩国国防科学研究所研制的SLQ-200（SONATA）电子战系统，该系统由一部韩国标准的海军战术指挥系统（KNTDS）和一部新型联合战术信息防御系统（JTIDS）数据链组成。该系统既具备电子支援能力，又具备电子干扰能力。通过该新型联合战术信息防御系统数据链，FFX护卫舰能够与友舰、韩国海军司令部、舰载直升机、P-3C反潜巡逻机、韩国空军F-15K战斗机和E-373空中预警机等建立起情报的及时传递和共享。

按照韩国海军的计划，FFX护卫舰共分为三个阶段逐步实施，分别为FFX-I建造计划、FFX-II建造计划和FFX-III建造计划。

FFX-I阶段的建造数量已经确定为6艘，其中首舰的建造合同由现代重工集团在2008年12月26日获得，2011年建造完成。FFX-I阶段的护卫

正在发射 SSM-700K "海星" 反舰导弹的 FFX-I 型首舰 "仁川" 号

舰每艘造价约 5000 亿韩元 (其中舰体建造费用约为 1500 亿—2000 亿韩元)。通过相关政府部门的大力合作,预定每年的最少建造数量为 2—3 艘,至 2020 年,24 艘 FFX 护卫舰建造完毕。

2.13 德国"萨克森"与荷兰"七省"护卫舰

德国和荷兰皇家海军在合作开发新型舰艇方面有过成功的先例。20 世纪 70 年代就联合设计过 F122 ("不来梅"级) 和 "S" 型 ("科顿艾尔"级) 护卫舰。1989 年北约多国联合研制 NFR-90 护卫舰的努力最终失败后,德荷两

NFR-90 护卫舰想象图

国重新走上了合作之路。1990年两国签署了联合开发新型多用途护卫舰的谅解备忘录，从而诞生了德国海军的"萨克森"级和荷兰海军的"七省"级两级相似的区域防空护卫舰。

这一次德、荷两国虽然共同研究了需求，并联合开发了作战系统的一些关键部件，但与NFR-90计划不同，并不是完全共同设计和建造，因而既大大减少了开发费用，又保持了各自足够的灵活性，避免了一刀切的弊端，也减轻了计划管理的负担。两国方案可根据作战和技术重点以及国内工业基础，自主选择部件和子系统供应商，一旦有分歧，也不致危及整个计划的实施。

最初，德、荷两国都将反潜作为新型护卫舰计划的核心，但20世纪90年代初随着苏联解体，欧洲战略形势发生了剧变。该计划的重点也转向了防空。相应地，作战系统的研究也集中在开发新型多功能远程雷达上，由"标准"-2和"改进海麻雀"（ESSM）防空导弹分别担负区域防空和近程点防御防空。

正在垂直发射"改进海麻雀"（ESSM）防空导弹的"萨克森号"

1994年1月随着西班牙的加入，该计划演变成"三国护卫舰合作"。同年12月形成了最终文件，1995年初开始设计。然而，正当1995年6月荷兰签署4艘护卫舰的合同时，西班牙又退出了该计划。1996年3月，德国签署了订购3艘F124级的合同。

荷兰和德国各自的首舰"七省号"（F-802）和"萨克森号"（F-219）

分别于1998年9月和1999年2月铺设龙骨，并于2002年服役。随后，荷兰海军的"特罗姆普号"（F-801），"德鲁伊特尔号"（F-803）和"埃弗森号"（F-805）以一年一艘的速度，分别于2003年3月、2004年3月和2005年3月服役。德国海军的"汉堡号"（F-220）和"黑森号"（F-221）分别于2004年12月和2005年12月服役。两国还将对新舰的防空作战子系统进行较长时间的使用评估。

荷兰"七省"级护卫舰

防空作战子系统是德、荷两国新护卫舰共同的部分，也是其关键部分，由泰利斯公司荷兰分公司为首的集团研制。其核心是多功能主动相控阵雷达（APAR），这种雷达安装在大型桅杆上，有4个固定基阵，天线重约15吨。

APAR的开发是20世纪80年代晚期在NFR-90计划的框架内开始的，1993—1995年完成项目概念定义阶段，并制造了一台X波段技术验证机。2000年夏第　套完整的APAR安装在"萨克森号"上，APAR的每个基阵包括3424个主动单元，每秒能够产生500个波束。每个基阵能同时控制与4个目标交战，管理8枚飞行中的导弹。APAR的最大探测距离约150千米，可同时跟踪200个目标，完成连续水平搜索、有限搜索、目标跟踪、导弹制导和末段照射等不同任务。

APAR的设计和制造对欧洲雷达工业是一个挑战，这种多功能雷达在性能上可以与美国著名的"宙斯盾"系统中的SPY-1相控阵雷达媲美，但尺寸、重量和功率又远远小于美国型号，单价3000万美元。APAR选择了与SPY-1和英、法、意联合研制的同类雷达PAAMS不同的系统结构。与之配套的第IIIA批次"标准"-2和ESSM防空导弹除了能接收上行制导脉冲信号，还能利用断续等幅波照射（ICWI）制导方式进行末段拦截。

德、荷新护卫舰的防空作战子系统还包括一部泰利斯公司荷兰分公司研制的SMART-L型D波段全固态脉冲多普勒三坐标远程雷达，探测距离400千米，垂直覆盖范围达到70度，能跟踪1000个空中目标和100个水面目标，抗杂波和抗干扰能力很强。

SMART-L是在MART-S型F波段三坐标中程雷达基础上改进的，由于SMART-L具有较强适应沿岸环境和探测小型低空目标的能力，法、意联合研制的地平线级护卫舰和英国的45型驱逐舰都采用该型雷达。

APAR 主动相控阵雷达　　　　SMART-L型D波段全固态脉冲多普勒三坐标远程雷达

另外，德、荷新护卫舰的防空作战子系统应用了加拿大和荷兰联合开发的"天狼星"远程红外搜索和跟踪传感器，能提供连续的海面被动搜索能力，主要用于对抗掠海飞行的反舰导弹。荷兰的"七省"级上还装备有一套泰利斯公司荷兰分公司的"阳台"红外／光电探测器，用于辅助"天狼星"完成目标探测和跟踪任务。德国的 F124 上则采用 STN 阿特拉斯公司类似的 MSP-500 系统，并与 76 毫米炮的火控计算机相连。

德、荷新型护卫舰上都装备有美国洛克希德·马丁公司的 MK41 垂直发射系统。其中荷舰安装一个 40 单元，德舰安装一个 32 单元。每个单元可容纳 1 枚"标准"-2 导弹或 4 枚 ESSM 导弹。荷兰计划在 40 个单元内安装 32 枚"标准"-2 和 32 枚 ESSM 导弹。德国计划安装 24 枚"标准"-2 和 32 枚 ESSM 导弹。

MK41 垂直发射系统今后还能安装采用双模（红外／雷达）导引头的第三批次"标准"SM-2 导弹和用于反战区弹道导弹任务的第四批次"标准"SM-2 导弹，但安装后一种型号需要改装长度更长的垂直发射系统，为此"七省"级已预留了改装所需的空间，这个空间还可以增加一个 8 单元模块。

在近程防御武器系统方面，由于德、荷两国的作战重点和国内工业基础不同，因而荷兰选择了 2 座"守门员"30 毫米近防系统，分别安装在舰桥附近和机库顶部，德国海军采用的是 2 座 MK31 型 21 单元"拉姆"（RAM）近程防空导弹发射器。

4 艘"七省"级全部采用 LCF（防空型）布局，采用相同的设计，由于自动化程度较高，每艘舰员不超过 202 人。

"七省"级的舰体分为 7 个独立的水密隔舱，采用双层防水壁。上层建筑采用了平滑的表面和雷达吸波材料，减小了雷达和红外信号。舰上的"塞瓦考"作战管理系统采用了模块化、分布式结构和光纤数据总线，并广泛采用民用部件。电子作战系统由"佩刀"综合电子战系统发展而来，包括装在 APAR 天线杆顶部的电子支援基阵，4 座 MK36"斯巴克"箔条发射器和 2 套电子对抗天线。

水面战子系统包括 8 枚 RGM-84"鱼叉"II 反舰导弹和"奥托-梅莱

"七省"级40单元MK41垂直发射系统　　　　奥托-梅莱拉127毫米／54倍口径舰炮

拉"127毫米／54倍口径舰炮。后者是从加拿大"易洛魁"级驱逐舰上拆卸的，由生产厂家进行了全面的改装和升级。舰体中线上还装有2门"厄利孔"20毫米自动炮。

反潜子系统配置被大大降低，目前仅包括一套DSQS-24C舰艏声呐、一座"女水妖"鱼雷诱饵发射系统。2座MK32三联装反潜鱼雷发射管（配备MK46鱼雷）和1架装备HELRAS吊放声呐的NFH-90舰载直升机。

"七省"级采用柴油机-燃气轮机联合推进装置。包括2台英国罗尔斯·罗伊斯公司的"斯贝"SM-1C燃气轮机（单台功率19.5兆瓦）和2台16V6ST柴油机（单台功率195千瓦），双轴，可变螺距／可逆倾斜螺旋桨。

3艘"萨克森"级的合同造价共约20亿欧元，由以布洛姆-福斯公司为首、HDW和蒂森-诺舍尔公司参加的集团承建。该级舰的设计很大程度上借鉴了MEKO护卫舰上成功的模块化结构，共设计了58个不同功能的模块，包括4个武器模块、7个电子模块、12个空调通风模块和2个桅杆模块等，降低了建造和维修费用，还有利于在服役寿命内进行改装。

"萨克森"级的被动保护和生存力设计也非常出色，全舰分为12个独立的水密隔舱，每个隔舱都有自己的通风、空调及核生化"三防"过滤装置。电力系统和损管站，能承受150千克高爆弹头的直接命中。

"塞瓦考"-FD作战管理系统采用模块化的分布式结构，有17个多功能控制台和2个大型战术显示屏。水面战子系统包括8枚"鱼叉"反舰导弹、1座"奥托-梅莱拉"76毫米／62倍口径舰炮和2门莱茵金属公司的毛瑟MLG27型27毫米遥控舰炮。最近德国海军为其最新型的K130级小型护卫舰选择了瑞典萨伯公司的RBS-15 MK3反舰导弹。这种新型导弹适于沿岸作战，具有反舰和对地攻击双重能力，因而也可能代替"萨克森"级上的"鱼叉"导弹。

"萨克森"级的电子战子系统与F123级相同，包括1套第二批次FL-1800电子战系统、2座MK36"斯巴克"箔条发射器和EADS公司的MAI-GRETCOMINT信号情报系统。

在反潜战方面，"萨克森"级装有1套DSQS-24B舰艏声呐和1套低频拖曳阵主动声呐系统（LFASS），后者探测距离非常远，可以采用收发分置的模式。2座MK32三联装鱼雷发射管可以发射MU-90 IMPACT轻型鱼雷。此外还有TAU鱼雷防御系统。

"萨克森"级是新一代护卫舰中唯一搭载2架直升机的。2架NFH-90平时置于分离的机库内，利用MBBFHS直升机操作系统，能在6级海况下起降。

NFH-90直升机

"萨克森"级也采用柴油机-燃气轮机混合动力装置。装2台MTU公司的20V1163TB93柴油机，单台功率485千瓦，1台美国莱科明公司的LM-2500燃气轮机（功率23.5兆瓦），可变螺距／可逆倾斜螺旋桨，双轴，最大功率38.47兆瓦。IPMS的7个控制台分别设在主控制室、辅助控制室内和舰桥上。

"萨克森"级舰员编制255人，比"七省"级和其他欧洲同类舰艇多，这主要是因为搭载了2架直升机，并配备了较多的损管人员。

荷兰和德国的新一级防空护卫舰可以说是一次赌博。像APAR这类复杂系统的开发以及在同样的关键技术上开发两级同类舰艇的技术管理，都具有相当的难度和风险。这个风险甚至吓跑了参与合作的西班牙政府。该国最终选择了美国现成的"宙斯盾"系统。然而事实表明，荷兰和德国赢了。

今后，德、荷两国防空护卫舰的一个重要发展方向是反战区弹道导弹。APAR和SMART-L雷达的设计都具有反导方面的潜力。荷兰海军对反战区弹道导弹表现出浓厚的兴趣。2003年对"七省号"进行了改装，准备用于这一任务的可行性研究，包括改进MK41系统。德国海军的道路有所不同，它正在开发F125级护卫舰，以此来满足未来海上反导的需要。

2.14 法意强强联合的成果——FREMM护卫舰

欧洲传统海军强国是目前世界上先进水面主战舰艇的主要输出国，冷战结束至今的诸多跨国大中型驱护舰项目，欧洲国家都是以产业主体的身份参与的。和立足于依靠技术强国帮扶的第三世界国家军备发展计划不同，欧洲国家之间的多方研制项目多不是一开始就万事俱备、水到渠成地签订协作意向，而是本国独立的发展计划在进行了一段时间后，发现各自的设计任务要求存在相当程度的重叠，或者相关领域存在高度的优势互补。于是，合作研发就自然而然地成了降低风险、缩短周期的最佳选择。20世纪90年代后期欧洲掀起的多国护卫舰计划高潮，就是最为典型的例证。

这一轮的合作造舰催生出一系列在21世纪初相继交付使用的大型水

面作战舰艇，但这一造舰高潮并没有以"欧洲一体化"的形式体现出来，而是走了一条"成双成组，同型兼用"的道路。德国的F124和荷兰的"七省"级就是从孕育到分娩都很顺利的一对孪生兄弟；而法国和意大利的"地平线"计划虽屡遭挫折，但最终还是有惊无险地获得了圆满成功。而且这种成功，也为双方"多用途护卫舰"合作积累了宝贵的经验。

荷兰"七省"级护卫舰

仅仅过了几年，这些经验积累就得到了一次实实在在的检验。从各自发展计划到意向性合并设计到签署初步的框架协议大约只隔了2年的时间。以"多用途护卫舰"（FREMM）名义的项目设计方案便初步定下来了。两国便成立了联合军备合作组织（简称OCCAR），团队秉承了精干高效的原则，主要负责人大多都参与了早些年的"地平线"驱逐舰计划，并且主承包商和关键设备提供商几乎清一色是法、意两国的大型军工企业。两国多家企业组成阿马里斯(现称DCNS)和"地平线"海军系统公司，于2005年11月被联合军备合作组织正式授予FREMM项目的研发和建造主承包商。

单舰体设计的FREMM护卫舰全长142米，满载排水量大约6000吨，比先前的"地平线"级驱逐舰略小。但是，FREMM绝非"地平线"的缩水版，相互之间的发展模式也存在根本区别。简单地说，在"地平线"项目上，双方在整体设计上密切磋商，保持高度一致，除了相关系统的选择根据各自需要预留标准空间外，舰艇平台完全没有区别。而 FREMM 则不同，两国不同的版本从初始阶段就各自根据需要设定基本参数和布局，外观存在非常明显的差异，内部的差别则更大。

在海上航行中的法国 FREMM 级护卫舰

用法国海军负责人查理·亨利·费拉古少校的话说，法国对 FREMM 舰的主要要求是用于海上威慑、危机处理和全球力量投送，能确保法国海外领地安全以及重要海上交通线的畅通，并为战略核力量、航母和两栖特混舰队提供护航。

从作战效能，技术特性以及替换老旧舰艇角度来看，法国原计划建造 17 艘，其中 9 艘为用于对陆攻击的 AVT 型，将配备巡航导弹，这使法国首次真正拥有对陆"纵深打击"的能力。

不过，出于建造经费的原因。法国 2008 年的一纸国防白皮书却让整个计划被拦腰截短——原计划建造 17 艘的 FREMM 舰被裁减到 11 艘，对陆攻击 AVT 型完全取消，其承担的对地攻击任务由反潜型包办，并且最后 2 艘将会是改良防空版。预计最后 1 艘将于 2022 年完成交付。

FREMM 通过高度模块化设计大幅提高任务转换能力，人员配备大幅度减少，包括航空分队在内只需大约 108 人左右，舰桥值班人员也减至 3 人，和一艘商业邮轮相似。舰上因此能腾出更多的空间用于搭载特种分队和海军学员，同时由于操作实用性更强，舰艇的全寿命成本要比现役舰艇低得多。

FREMM法国版的构型和"拉斐特"级可谓一脉相承，有世界领先的雷达截面网格覆盖舰体凹陷部位、采用大面积雷达吸波材料等措施，使得FREMM的雷达反射面积比排水量只及其一半的"拉斐特"级更小，甚至低于一艘渔船。

从武器的配备上看，防空型和反潜型两者存在明显的不同。反潜型和"地平线"驱逐舰家族一样，以"奥托·梅莱拉"76毫米/62倍径超速炮为主炮，但位置居中，且仅有1门。"席尔瓦"8单元垂发模块总共4座，其中2座A43用于"紫菀"-15防空导弹，另2座A70是为该公司的"猎头皮"对地巡航导弹准备的。值得一提的是，法国一直在致力于打造通用的垂直发射系统。

舰上标配8枚MM40 Block III"飞鱼"反舰导弹，这种导弹除了火箭助推装置，装有1台TRI 40涡喷发动机，配备了基于GPS系统的导航组件，射程增加了一倍多，飞行线路极其灵活，使其在选择打击目标和方式上有了更多的自由。值得一提的是，Block III"飞鱼"不是单纯的反舰导弹，它在一定程度上可作为对舰载对陆攻击巡航导弹的"替补者"而遂行对地攻击，这有点类似于"鱼叉"家族发展出来的"斯拉姆"导弹。反潜方面，法国版用的是MU90反潜鱼雷。

防空版与反潜版略有不同的是它采用的是4座A50垂发模块（总共32单元），可以同时兼容"紫菀" 15和"紫菀"-30两种导弹。出于节省空间的需要，舰上没有装备可变深度声呐，只是保留了鱼雷探测声呐阵列。

防空舰上带有机库和飞行甲板，可以搭载一架NH-90多用途直升机。作为欧洲直升机工业的领跑者，法国和意大利都为NH-90发展计划的主要参与方。该机不但拥有宽大的内部空间，还有强大的武器携载能力以及足

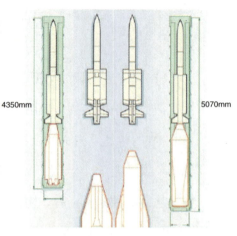

世界上第一艘投入现役的隐形护卫舰"拉斐特"级

"紫苑"-15（左）"紫苑"-30（右）

4350mm

5070mm

够的留空时间，不仅使其成为理想的反潜／反舰平台，而且可以替代"美洲豹"家族，成为下一代两栖运输直升机的主力。

高航速不是FREMM追求的目标，推进主机是一台通用公司的LM2500G4燃气轮机，最大功率约为32兆瓦，通过减速机构十字交联，实现27节的最高航速；在低速安静航行状态下，由4台2.1兆瓦的MTU16V4000M63L柴油发电机驱动2台2.15兆瓦电动机来完成，航速减低至16节。

意大利版的FREMM舰由造舰界的龙头老大芬坎蒂尼公司承担了平台和作战系统整合的任务，而作战系统本身的设计和整合则由芬梅卡尼卡下属的赛莱克斯一体化集团负责（芬梅卡尼卡旗下拥有众多实力雄厚的供应商），芬坎蒂尼公司和芬梅卡尼卡联手控股

意大利第四艘FREMM护卫舰"卡拉布里亚号"

（芬坎蒂尼占51%），组建了海军地平线系统公司，作为FREMM项目的主承包商，同时负责开拓国际市场。

2011年7月16日在特里戈索船厂下水、并于同年10月6日开始投入海试以来，意大利FREMM的首制舰，通用型"卡尔洛·贝尔加米尼号"就已经成为验证意大利海军工业能力和造舰效率的标尺。

对比一下不难发现，意大利"贝尔加米尼号"和法国FREMM的首制舰"阿基坦号"外观存在明显差别，前者上层建筑占舰体总长比例更大，但舰桥显得更加低矮，和主炮的间距也更小，前桅略高略细，呈明显的六棱状，电子设备和武器系统的布局也存在多处不同。

除了外观存在明显差别外，意大利版本的动力形式也不一样，它没有选用柴—电燃交替的方式，而是选择柴—电燃联合（CODLAG），但主机型号和法国版相同，由阿维奥／通用动力的32兆瓦LM2500G4燃气轮机结合2具电动机（单台2.15兆瓦），可控螺距双桨推进。可控螺距的优势主要体现在制动性能上，一旦需要"急刹车"，前者在全速状态下只需大约三个舰身长就可迅速减速至静止，比固定螺距推进系统缩短了一半。辅机为4台伊索塔·弗拉斯奇尼VL1716T2ME柴油发电机，单台功率2.1兆瓦，而从三号舰开始，将采用普通柴油机，并安装芬坎蒂尼公司为辅助推进和机动航行专门设计的可收缩轴向推进器。在全功率推进状态下，舰艇最大速度为27节，而完全电力状态下则为16节，最低速模式是柴油机模式，航速为7节，由于采用了芬坎蒂尼公司全新设计的双舵滚转稳定系统，舰艇的航海性能有了显著提高，在5级海况下，所有武器系统包括直升机，都能正常操作。

在舰载机方面，"贝尔加米尼号"的直升机机库和起降甲板更大，面积达500平方米，能够容纳2架NFH-90直升机（或者NH-90和EH-101各1架），中间布置有宽敞的飞行控制室。NH-90直升机能够携带至少4枚

"火星"MK2/S导弹，该导弹重300千克，射程在30千米以上。

　　舰上总共有2个"席尔瓦"A50型8单元发射装置，可以混装"紫菀"–15和"紫菀"–30导弹。舰上装有G波段埃姆帕有源相控阵雷达，该雷达在杂波环境下优势明显，电子对抗水平在欧洲处于前列。由于采用了单面旋转有源相控阵雷达，系统部件和总重大大减少，对舰上空间的占用更少，系统可维护性达到了前所未有的水平。埃姆帕雷达和新型指挥控制系统及"紫菀"–30导弹相配合，为进一步提升反导能力留出了足够的升级空间。

　　舰上装有"奥托·梅莱拉"127毫米/67倍径轻型主炮，除了常规弹药外，还能发射"火

正在进行防空导弹装填的"席尔瓦"垂直发射系统

山"增程弹系列。它是一种可编程尾翼稳定多用途弹，前端带有两对鸭式小翼，可在不影响炮管寿命、无需对火炮本身进行改造的情况下大大增加射程，同时也消除了过去同时携带多种弹药的麻烦。副炮为斯特拉斯内层防御系统（奥托76毫米超速炮的改良版），这种火炮采用双路供弹，射速极高，且配备有次口径制导弹药。另外，舰上还有2门25毫米KBA人工操作单管炮。

　　不过，"贝尔加米尼号"上的127毫米主炮没有出现在作为反潜型的二号舰上，首舰76毫米副炮却占据了舰艏甲板。反潜系统是核心装备，配置和法舰类似，包括全景回声定位和泰利斯水下系统公司的4249（Captas-4）低频主/被动拖曳可变深度声呐。舰上的固定导弹发射装置

外观和通用型看似没有区别，但却混装有"奥托马特"反舰导弹和"米拉斯"反潜导弹。"奥托马特"反舰导弹采用末段主动雷达制导，射程超过150千米，可以从海上和岸基平台发射，和"飞鱼"一样具备有限的对陆攻击能力。"米拉斯"是欧洲目前唯一的合作研制的反潜导弹，从火控中心发出指令到系统作出反应耗时不到20秒，导弹的战斗部是一枚MU-90鱼雷，是目前欧洲最为先进的智能反潜水雷。

"奥托马特"反舰导弹

到2015年为止，法国和意大利的新一代水面驱护舰数量在欧洲跃居第一。这些新锐战舰的加盟，必将对这两个昔日一流海军强国更积极参与北约框架内的海外军事行动产生重大而深远的影响。

2.15 挪威海岸线的守护者"南森"级导弹护卫舰

在采购"南森"级导弹护卫舰之前，挪威海军的水面舰艇主力是4艘"奥斯陆"级护卫舰。这些于20世纪60年代中期开始服役的舰艇存在着吨位小、自动化程度低、设备布置拥挤、续航力小、适航性差等缺点，再加上已经服役了50年，舰体已经十分老旧，维修和使用成本都大为增加，而且出航率还很低。虽然该级舰经过了现代化改装，但并没有得到多大改观，已难满足挪威海军在新世纪的需要。

"奥斯陆"级护卫舰

为了取代这些老旧舰艇，挪威海军从2000年起开始实施"南森"级舰艇发展计划。计划建造5艘，2009年全部服役。从性能指标上看，挪威海军对"南森"级舰的要求是相当高的，如该级舰最大的亮点——"宙斯盾"系统就是世界上首次在5000吨级的舰艇上装备，其他如舰载直升机、武备和电子设备等也都是当今世界上顶级产品。但挪威海军并非一味追求先进，而是对"南森"级的任务要求很明确，即首先是反潜，其次才是反舰和防空。在装备技术性能要求上，首先考虑装舰需要，其次才考虑技术先进程度，从而避免因过分追求先进而致舰艇排水量和造价都大幅升高的风险。由于挪威严格控制舰艇成本，而且还要求"南森"级能尽早服役，因此仅靠自己是很难实现这个目标的。这个北欧小国没有多余的时间、技术和金钱去自主研发像"宙斯盾"系统这样复杂而昂贵的武器系统以及进行先进的舰体设计。于是挪威最终选择了西班牙伊扎尔造船集团作为主承包商，负责挪威新型多功能护卫舰的设计和建造。

挪威的这个选择主要出于这样几个原因考虑：一是西班牙计划建造的F-100护卫舰当时已完成相关设计，而挪威与西班牙海军对护卫舰的要求基本相似，所以西班牙在F-100护卫舰的基础上，根据挪威海军要求进行相应改变要容易得多；二是美国洛马公司专为西班牙F-100护卫舰设计了小型的"宙斯盾"相控阵雷达，而挪威也委托洛马公司为其建造计划提供"宙斯盾"系统、武器、软件开发、通信和导航系统等；三是可以与西班牙进行武器技术转让，相互受益。西班牙伊扎尔造船集团负责建造"南森"级前3艘舰，第4、5艘舰则由西班牙转让技术，挪威自己建造。作为交换，挪威则向西班牙转让部分技术和武器系统（同时还可以抵消部分建造费用），如陆基防空系统、NSM反舰导弹、"企鹅"反舰导弹等。

"南森"级护卫舰长132米，宽16.8米，吃水4.9米，标准排水量4600吨，满载排水量5121吨，最大航速26节，巡航速度18节，18节航速时续航力4500海里，舰员编制为120人，其中50名军官。

"南森"级每艘由24个模块组成，船体由钢板焊接而成，舰上广泛采用了隐形技术。为降低雷达信号特征，采用倾斜式干舷，舷墙与上层建筑紧密整合，减少侧面折角和三面角结构，结合面都以圆角过渡。舰体中部明显内倾，舰面布置简洁，舰上突出物很少。为降低红外特征，在动力

"南森"级护卫舰首舰"南森号"

装置的通风设备上安装了减小热扩散和降低温度的系统，将排出的热气体与外部的冷空气充分混合。另外，它还加装了洒水装置，以降低舰壳与上层建筑金属的温度。为降低机械噪声，在主机上应用类似潜艇采用的减振

浮筏基座等技术，舰体附加装置和推进装置应用流体力学设计，最大限度地减小声音特征。据称，"南森"级护卫舰的隐形技术比西班牙海军的F-100护卫舰还要好。

为提高生存能力，"南森"级共设置了13个水密舱，可保证相邻两舱进水不沉；主要的操作舱均为防弹设计；全舰采用加固、系统分隔、冗余、损伤预防和损伤控制管理；同时全舰还有良好的"三防"能力。

在动力系统上，"南森"级采用柴燃联合推进（CODAG），由一台功率为19.2兆瓦的LM 2500燃气轮机、2台功率为4.5兆瓦的伊扎尔·布拉沃12缸柴油机组成。"南森"级的电力供应由4台MTU 12V396柴油机提供，每台功率900千瓦，舰艇前后各2台，其中3台可同时工作，以提供作战时所需的大量电能，第4台处于备用状态。此外，舰上安装有2个方向舵和一对可动稳定鳍。

"南森"级护卫舰满载排水量只有5121吨，比美、日装有"宙斯盾"的军舰差了一大截。为了加装"宙斯盾"系统，原来大体积的AN/SPY-1D就必须大幅减重。好在洛马公司已经有了为西班牙F-100护卫舰改装"宙斯盾"系统的经验。另外，挪威海军对"宙斯盾"系统的要求不像西班牙海军那么高，这也在相当程度上减小了改装难度。2003年12月，也就是首舰"南森号"安放龙骨8个月后，洛马公司开始交付第一套AN/SPY-1F相控阵雷达，这是目前世界上最小巧的"宙斯盾"系统。与AN／SPY-1D相比体积、重量、输出功率和性能都得到了简化。比如它既不能控制发射"战斧"导弹，也不能控制发射"标准"-2防空导弹（但预留了升级空间）。可以说"南森"级是屏蔽了区域防空和对地攻击能力，而保留了反潜、反舰和近程防空能力的"宙斯盾"舰。虽然总体作战能力比美、日"宙斯盾"舰逊色不少，但却比非"宙斯盾"舰强多了，它能提供导弹和舰炮火控功能，同时实施多目标跟踪、相控阵雷达搜索和地平线搜索。而且，相控阵雷达反应时间极短，能同时控制多枚导弹进行空中防御，大大提高了单舰防空能力。

从"南森"级身上可以看出这样几点趋势：（1）即使是简化版的"宙斯盾"系统，需要的装舰空间还是很大的；（2）水面舰艇的大型化、多用途趋势越来越明显：（3）防空（将来还有反导），在水面舰艇的任务中越来越重，即使是侧重反潜的军舰也不例外。

"南森"级护卫舰搭载的AN/SPY-1F相控阵雷达

挪威海军最注重的是反潜作战，而"南森"级将来主要用于在挪威近海进行反潜作战，所以"南森"级的反潜探测和电子设备十分先进，整套反潜探测设备由泰利斯水下系统公司和子承包商斯姆瑞德公司共同提供，其中包括MSI 2005F战术系统、"卡普塔斯"MK2 V1有源／无源拖曳线列阵声呐、"斯弗伦"MRS 2000舰壳声呐、MK-12敌我识别系统等。

除反潜直升机外，"南森"级还装有2座三联装MK-32鱼雷发射管，用来发射"虹鱼"324毫米轻型反潜鱼雷。"虹鱼"是英国BAE系统公司研制的一型先进鱼雷，采用主被动声自导，射程11千米。此外，深水炸弹也是"南森"级上的一种有效的反潜武器。

在反舰武器上，"南森"级装有2座四联装反舰导弹发射装置，可发射挪威国产的NSM反舰导弹。NSM反舰导弹是挪威康斯堡公司与法国航宇挪威分公司联合研制的新型隐身高亚声速反舰导弹，将用来取代挪威现役的"企鹅"反舰导弹。NSM弹长3.95米，总重410千克，战斗部重125

第2章 "名剑"群英录

千克，采用固体发动机推进，最大射程160千米，最大飞行高度小于60米，而末端飞行高度仅1—3米左右，非常难以拦截。导弹采用复合制导方式，巡航段主要采用全球定位系统辅助惯性制导（GPS/INS）制导，末段为红外成像制导。由此可见，NSM的命中精度非常高。除反舰外，NSM还能用来打击敌方陆上目标。在海上飞行时仍旧采用GPS/INS制导，上陆后将采用地形匹配制导和红外成像末制导，不但命中精度高，而且有识别伪装和抗干扰能力。

防空武器方面，"南森"级上装有一座8单元的MK41垂直发射装置，每个单元4枚"改进型海麻雀"（ESSM）舰空导弹，总共备弹32枚。ESSM是美国雷声公司和10个北约国家一起合作，在RIM-7M"北约海麻雀"的基础上开发的大幅提高性能的改进型号，编号RIM-162；"南森"级装备的是专供MK41发射的RIM-162A，它仍采用半主动雷达制导方式，但提高了抗干扰能力和命中精度；改进了弹尾控制系统，外形与"标准"-2非常像，使导弹最大过载增加到50g，可对付机动性更强的空中目标（如新一代反舰导弹）；采用新的IVIK143 MODO固体火箭发动机，使飞行速度达到4马赫，射程则增加到50千米以上，超过了"标准"-1MR中程舰空导弹的46千米射程。据雷声

NSM反舰导弹

正在垂直发射的"改进型海麻雀"防空导弹

公司称，RIM-162A的作战效能要比"北约海麻雀"高出2—4倍。

从MK41垂直发射装置和RIM-162A导弹的装备可以看出，"南森"级已经不单单具有点防空能力，而且还具有了相当强的区域防空能力和抗饱和攻击能力。在防空能力上，"南森"级超过了世界绝大多数防空护卫舰，甚至超过了许多先进的多用途驱逐舰。这还不算，挪威海军还打算在"南森"级上再加装一座8单元MK41垂直发射装置，使RIM-162A的导弹数量增至64枚，以进一步提高防空能力。

"南森"级采用的主炮是"奥托·梅莱拉"76毫米炮，射速120发/分，兼有对地和对空打击能力。未来"南森"级还打算加装一座40毫米炮。"南森"级没有装备近程防御系统，只有4挺12.7毫米机枪。

按计划，"南森"级总共造5艘，分别命名为"南森号"（F310）、"阿蒙森号"（F311）、"斯韦德鲁普号"（F312）、"英格斯塔号"（F313）和"海尔达尔

"奥托·梅莱拉"76毫米主炮

号"（F314）。现已全部加入挪威海军服役，挪威海军的主力水面舰艇面貌一新，挪威海军的作战能力得到了质的提高。

2.16 斗牛之国的F-100导弹护卫舰

随着苏联的解体和冷战的结束，维护国家自身利益成为世界各国海洋战略的主题。一些经济发展较快的国家迫切需要建立一支新型海军，以维

护本国的海洋权益和主权。对西班牙而言，其海军在20世纪90年代初期建立了一支以"阿斯图里亚斯亲王号"轻型航母为核心的海上机动编队。但随着时间的推移，作为航母编队里的"巴利阿里"级和"圣玛丽亚"级导弹护卫舰已日渐老化，难以满足西班牙海军提出的具备强大的防空、反潜和反舰能力及在近海作战等要求。为此，建造一级具备强大防空能力并且兼顾反潜和反舰能力的护卫舰计划正式列入了西班牙海军的议事日程。

事实上，早在1989年西班牙海军就提出过F－100的建造计划。但由于种种原因，计划多次推迟。1994年1月27日，西班牙、德国和荷兰三方签署了联合研制护卫舰的合作备忘录，规定三方联合研制分属于三个国家的三种防空型护卫舰。这三种护卫舰将装备相同的APAR相控阵雷达、SMART-L远程立体搜索雷达，"标准"-2 Block Ⅲ A和"改进型海麻雀"舰对空导弹等。但出人意料的是，1995年西班牙国防部以APAR相控阵雷达存在技术风险为由，断然宣布退出防空系统的研制转而求助于美国，并毫不犹豫地选择了美海军大量装备的，且经过实战考验的"宙斯盾"作战系统及其AN/SPY-1D多功能相控阵雷达。

APAR 相控阵雷达

从性能上说，"宙斯盾"作战系统的性能非常先进。AN/SPY-1D多功能相控阵雷达工作在S波段，有效探测距离达370千米，能同时完成目标搜索、识别、捕获、跟踪、引导和指挥等多种功能，尤其是能在严重的杂波和各种干扰环境中通过迅速变换雷达的工作参数，自适应地搜索、检测和跟踪空中、水面以及掠海飞行的上百批目标，并能立即将目标信息传送给MK2指挥与决策系统。

MK2系统不仅处理来自AN/SPY-1D多功能相控阵雷达的目标信息，同时还接受来自舰载直升机、火控雷达、声呐系统、电子战系统，电子保密系统，数据链等渠道的目标信息，并随时通过MK2"宙斯盾"显示系统以视觉方式显示出来，然后进行敌我识别、威胁评估、分配拦截武器，并将结果数据迅速输入MK8武器控制系统。

MK8系统从指挥与决策系统接收武器分配指令和特殊的威胁准则，从AN/SPY-1D雷达接收跟踪数据。这些数据经过处理，从而决定对目标攻击的可能性，然后根据自动编制的拦截程序，通过发射系统将数据输入导弹。当在进行防空作战时，AN/SPY-1D相控阵雷达与垂直发射系统发射的"标准"-2舰对空导弹配合的机制是这样的：导弹发射以后，现有武器控制系统通过AN/SPY-1D相控阵雷达给导弹发送修正指令，即进行指令制导，使导弹按一条捷径接近目标，直到导弹飞近目标进入末端时，才改用AN/SPG-62火控雷达进行目标照射，导弹的导引头根据火控雷达提供的目标反射信号自动搜寻目标，这样，火控雷达就不必在整个飞行期间跟踪目标。从整体而言，正是靠着以上的运行机制才使装备有"宙斯盾"系统的军舰能够镇定自若地对付依次来袭的12—18个空中目标。

F-100护卫舰安装的"宙斯盾"系统及其AN/SPY-1D多功能相控阵雷达在功能上与美国"阿利·伯克"级导弹驱逐舰所安装的基本相

AN/SPG-62 火控雷达

正准备下水的F-100护卫舰，AN/SPY-1D多功能相控阵雷达安装在特别加高的桅杆上

同，区别在于F-100护卫舰的"宙斯盾"系统不具有"战斧"式巡航导弹使用软件以及缺少一个MK99 Mod7火控系统。由于"宙斯盾"系统并非为F-100护卫舰量身定制，所以排水量仅5000余吨的F-100护卫舰要想从容装下完整版的"宙斯盾"系统绝非易事。为此，西班牙伊扎尔船厂的工程技术人员进行了艰苦而卓有成效的努力。

为了能将AN/SPY-1D多功能相控阵雷达安装在足够的高度上（20米），以达到设计的探测距离，伊扎尔船厂将F-100护卫舰的长度加长到了146.72米，促使排水量增加到5761吨，为了不妨碍AN/SPY-1D雷达的视界，船厂还特意调整了F-100护卫舰的上层结构布局。

为了实现西班牙海军对F-100护卫舰提出的作战性能要求，该舰在设计、建造过程中始终如一地贯穿了突出防空能力、兼顾反潜和反舰能力的设计思想，使其成为真正的多用途护卫舰。

在防空能力方面，F-100护卫舰装备有6组8单元的MK41垂直发射系统，在这48个发射单元中有40个用于配备"标准"-2Block Ⅲ舰对空导弹，剩下的8个单元则用来容纳多达32枚"改进型海麻雀"舰对空导弹（每个单元可装4枚）。

"标准"-2 Block Ⅲ舰对空导弹是一种高性能远程区域防空导弹，是F-100护卫舰上最重要的防空武器。该导弹是20世纪80年代后期美国海军为了有效抗击超音速掠海反舰导弹而研制改进的。导弹采用惯性／指令+半主动雷达制导，主要用于对付高性能飞机和掠海反舰导弹。在作战空域方面，最大射程为74千米（中高空目标）和20千米（超低空目标），射高为15—24000米。该导弹主要用于对付远距离空中目标。

F-100护卫舰装备的"改进型海麻雀"舰对空导弹的性能已今非昔比。与RIM-7M和RIM-7P导弹相比，其射程超过了30千米，机动过载达到了50g，具备抗击机动过载超过4g的超音速掠海反舰导弹的能力。

F-100护卫舰装备的MK41垂直发射系统

正在垂直发射的"改进型海麻雀"舰对空导弹

除以上舰空导弹之外，F-100护卫舰还装备有本国自行研制的"梅罗卡"MK2B近程防御武器系统。这种12管20毫米火炮系统射速为3600发／分，对目标的拦截远界为2000米，近界500米，发射穿甲弹时的初速为1300米／秒，在1500米的距离上可穿透30毫米厚的钢板。由于该系统自身配备有跟踪雷达和光电火控系统，所以能够独立作战，具有较高的作战效能。

F-100护卫舰的反潜作战能力也毫不逊色。该舰装备有功能强大的SQQ-89（V）9型综合反潜作战系统。这种系统主要由性能先进的DE-1160LF舰壳声呐、AN／SQQ-28LAMPS Ⅲ声呐信号处理系统等组成，其中，DE-1160LF舰壳声呐采用圆柱形的换能器基阵，直径1.22米，高0.91米。在性能方面，这种声呐由AN/UYK-16微型数字计算机控制信号处理、波束形成和显示以及功能转换，具有全向、定向以及三重旋转定向波束探测能力。该舰壳声呐工作频率仅为3.5赫兹。DE-1160LF还具备利用会聚区方式进行探测的能力，使其作用距离达30千米以上。

在反潜武器方面，F-100护卫舰主要装有2座MK32型鱼雷发射管，共可发射18枚MK46-5型轻型反潜鱼雷。这种鱼雷具有45节的航速、450米的航行深度，能够有效对付近海活动的潜艇目标。当然，F-100护卫舰也搭载有SH-60B的"海鹰"反潜直升机。这种性能先进的反潜直升机装备有AN/SPS-124搜索雷达、AN/ASN-86惯性导航系统、AN/AYK-14数字计算机、AN/ASQ-81（V）2磁探仪、AN/ARR-84声呐浮标接收机以及多种型号的声呐浮标等。这种飞机还能携带反潜鱼雷。

在反舰能力方面，该舰主要装备有2座四联装"鱼叉"Block Ⅱ反舰导弹和1座MK45Mod2型127毫米口径的舰炮。"鱼叉"Block Ⅱ导弹的射程为130米，与Block I相比，其制导装置有很大改进。除主动雷达导引头外，还将引入"联合直接攻击弹药"所使用的导航控制单元，包括霍尼韦尔公司的HG1700惯性导航系统和科林斯公司的GEM Ⅲ型全球定位系统接收机。此外，"鱼叉"Block Ⅱ还改进了软件和处理器。"鱼叉"Block Ⅱ除了能攻击各种水面舰艇，还能够攻击距离海岸93千米的陆上目标。惯性导航系统和全球定位系统的引入使其命中精度提高到大约10米级。这种导弹将成为近海作战中理想的多用途武器。

MK45Mod2型127毫米口径的舰炮，是一种高可靠性的舰炮，舰炮的射速为20发/分，最大射程为23千米，据来自伊扎尔船厂武器和系统分部的消息，为了适应未来对海和对岸打击的需要，F-100护卫舰以后还将换装威力更大的MK45Mod4型127毫米口径的舰炮。该舰炮能发射127毫米EX171增程制导弹药，射程达115千米。

F-100护卫舰以其先进的性能和强大的战斗力令世人刮目相看，使西班牙一举成为南欧的海上强国。同时，F-100护卫舰也是世界上第一个搭载"宙斯盾"作战系统的护卫舰，它对西班牙海军整体作战能力的提高将产生重要影响。

F-100型护卫舰全貌

2.17 个小战力大的俄罗斯21630型和21631型导弹护卫舰

2015年10月7日凌晨，俄罗斯海军里海区舰队4艘小型护卫舰对叙利

第2章 "名舰"科技卷

亚境内的恐怖组织目标发动导弹打击，3艘21631型小型导弹护卫舰"斯维亚日斯克城号"、"乌格里奇号"和"大乌斯秋格号"，以及11661K型护卫舰"达吉斯坦号"，用所装备的3C14垂发系统和3M14远程导弹首次展示了远程打击陆上目标的威力，一扫俄罗斯在苏联解体后，外部对其海上力量吃苏联老本的印象。

　　传统的苏式小型作战舰艇职能过于单一，信息化程度落后，船体和舰载设备日益老化。因此，20世纪90年代俄罗斯试图以成熟的苏式舰艇平台为基础研制新型近海作战舰艇。时间进入21世纪，俄罗斯舰艇设计思想发生了很大变化，20世纪80年代后期开始在苏联初步运用的雷达隐身设计进一步得到落实，模块化、信息化也成了新的追求。新技术、新材料的发展推动了舰载设备的更新换代。经历了近20年的沉寂，新一代的俄罗斯水面舰艇终于出现在世人面前。21630型护卫舰和由此发展而来的各型小型导弹舰便是俄海军新式近海作战舰艇的代表。

21630型护卫舰是俄罗斯全新设计的第一型小型近海作战舰艇。俄国防部和国防部下属各部门选定主要负责设计护卫舰、小

航行在内河的21630型护卫舰

型反潜舰的泽廖诺多尔斯克设计局，而非专攻小型导弹舰、导弹艇的金刚石设计局来负责21630型舰的总体设计。可见21630型及其衍生的型号更加强调近海作战和非军事任务的适应性。并且该舰专为里海舰队设计，能够在河流以及各种近海环境下遂行巡逻、反恐、对岸火力支援等低强度作战任务。

21630型护卫舰全长61.8米，宽10.3米，最大吃水3米，满载排水量520吨，其最大航速28节，经济航速12节，续航力1500海里。此外还有2台300千瓦的柴油发电机，舰员编制34人（军官6人）。该舰大胆地采用了钢制船体和复合材料上层建筑的新颖设计，以阻燃玻璃纤维为主的复合材料上层建筑具有重量轻、生存能力强、对电磁波的反射能力弱等优点，已经成为21世纪初俄罗斯新建中小型舰艇的一大亮点。该舰外形上也考虑了雷达、红外隐身要求，船体折线以上和上层建筑侧壁融合成一个平整的斜面，舰桥、桅杆等结构也全部为倾斜的平面，另外还采用了俄驾轻就熟的水线排气设计。

21630型舰的主要侦搜设备是桅杆顶部半球型雷达罩内的"正像-M1"型对空对海搜索雷达，这是一款将三

21630型护卫舰的后部

坐标雷达和二坐标雷达天线背靠背布置的组合雷达，探测距离150千米，能够精确跟踪低空和水面的小型目标，非常适合小型舰艇。该舰还配备了一部MP-231"系船柱"型导航雷达、一部"银鼠"炮瞄火控雷达以及一套光电探测系统。21630型虽小，却是俄军信息化作战体系的重要节点，因此配备了海军通用的"西格玛"作战指挥控制系统。

21630型的舰艉可以选择不同的武器模块，常见的是一门用于执行对岸火力支援任务的A-215"冰雹-M"型40管122毫米火箭炮。该炮主要使用MC-73M型122毫米无控火箭弹，弹重66千克，战斗部重6.4千克，射程2—20.7千米。

21630型舰采用"主权"A-190型59倍口径100毫米自动舰炮，是主要的对海攻击武器，也可以用于防空作战和对岸火力支援。复合材料的应用、结构的改进以及弹药基数的减少，使得A-190的重量只有15吨，具有良好的适装性。对海／对空射程分别为21千米和15千米，俄罗斯海军非常看好A-190舰炮优良的火力和适装性，将其定为各型新式中小型作战舰艇的主炮。

由于在里海、内河作战环境中防空压力较小，21630型舰的防空武器只有1套作战斜距5200米，射高10—3500米的3M47"弯曲"轻型防空导弹系统和2门AK-306型机关炮。21630型还装备了1套NK-10"勇敢"电子战系统作为防空作战的软杀伤手段。为了满足边防巡逻、缉毒、反恐等任务需求，21630型舰装有2挺带有防盾的14.5毫米"海军基座式机枪"，另外还能安装3挺7.62毫米机枪。

21630型舰应用了大量高新技术，却没有过分追求战术性能。它的价值在于加速新一代模块化小型舰艇设计和建造技术的成熟，同时又能够验证新技术、新装备的可靠性，为设计更强大的小型舰艇奠定了基础，并推动了大量前沿技术和装备的普及。21630型舰仅获得了3艘订单，均由位于圣彼得堡的金刚石造船厂建造。首舰"阿斯特拉罕号"于2006年交付海军，后续舰"卡斯皮斯克号"和"马哈奇卡拉号"因为拨款不足，分别到2011年和2012年才完工交付，其中2号舰在2007年被改名为"伏尔加顿斯克号"。3艘21630型全部经由俄内陆运河转入伏尔加河，然后前往里海区舰队服役，隶属里海区舰队近卫第83炮艇大队。

而此次作为打击主力的21631型小型导弹舰是与21630型舰同时立项，同样由泽廖诺多尔斯克设计局负责总体设计。除了执行低强度作战任务外，21631型还将装备通用垂直发射系统以满足未来日益多样化的作战需求。除了装备导弹外，21631型舰的战术、技术要求和21630型非常相似，部署范围也和21630型一样。

21631型舰长74.1米，宽11米，吃水2.6米，满载排水量达到949吨，更大的船体承载了更复杂的武器和电子系统，舰员编制也增加到了52人。由于船

正在发射3M14"口径"巡航导弹的21631型护卫舰

第2章 "名舰"群英录

体尺寸的增加，21631型舰配备了2套使用2台3750千瓦柴油机的M507A型柴-柴联合喷水推进动力系统，最大航速25节，续航力2500海里。

21631型舰上最核心的舰载武器，被俄军称为通用舰载发射系统3C14垂直发射系统。其适装性非常好，不会对小型舰艇的总体设计产生很大压力。3C14也是世界上第一种实现冷热共架的通用型垂发装置，能够兼容不同用途的"口径-HK"系列导弹和"缟玛瑙"超音速反舰导弹，未来还可以兼容各种体积的导弹。

3M14远程对陆攻击巡航导弹

垂直发射导弹的3C14因为需要严格控制体积并解决燃气排导的难题，因此苏联解体前并未完成研制。不过，由于在印度客户需求的刺激下，俄罗斯快马加鞭地完成了3C14垂直发射系统研制，率先装备于出口印度的11356型护卫舰上。俄罗斯为"口径／俱乐部"系列导弹选择了同心筒式热发射方式，发射装置不需要设计燃气排导通道和冷却系统，而尺寸略大的"缟玛瑙"反舰导弹则直接采用了传统的提拉活塞杆冷发射方式，最终修成了3C14冷热共架的正果。正是凭借其优良的通用性和适装性，3C14

垂直发射系统几乎成为21世纪初俄式主战舰艇的标配，21631型自然不能例外。

红圈处为3C14垂直发射系统

　　为了实时接收作战指令和目标参数，21631型配备了1套天线直径为1.2米的"半人马座－HM"无线电战术通信系统，能够以每秒4.8—512千字节的速度传输信息。虽然21631型也能发射3M54反舰导弹打击水面舰艇，但它并不像传统的小型导弹舰一样将反舰突击作为主要作战任务，所以它没有装备能够超地平线探测的"矿物质"对海搜索雷达，在打击地平线外的水面目标时需要从其他侦察平台获得目标参数。

　　如果投入高强度作战，21631型也可能成为敌人重点打击的对象，而有限的预算使其无法配备3M89"弯刀"弹炮结合防空系统等高端火力配置，因此设计局为其选择了高性价比的自卫火力配置，尤其是多种精干的点防空武器，并且辅以电子对抗手段。21631型也装备有"正像－M"雷达、A-190舰炮，并装备了2套3M47"弯曲"轻型防空导弹系统。近防炮则选用了1门射速超过每分钟一万发的AK－630M-2型双联装6管30毫米炮，可以拦截反舰导弹。电子战系统在21630型的NK-10基础上换装了新型的被动探测雷达，并且增加了1对主动干扰装置。

现役的3艘21631型都隶属于里海区舰队，按俄罗斯海军的计划，21631型舰的4—9号舰都将配属黑海舰队，其中4号舰"泽廖内多尔号"和5号舰"谢尔普霍夫号"已经在2015年9月交付黑海舰队并在新罗西斯克附近海域完成海试，计划在年内正式服役。许多人认为它是为如里海作战环境设计的小型导弹舰，但事实上并非如此。21631型最大的价值是充当部署在黑海、里海以及沟通两者的伏尔加河、顿河水系的导弹机动发射平台，能够神出鬼没地打击西亚和东欧、北非地区的敌方目标，而岸防力量（岸炮、岸基反舰导弹）和空中掩护也可以保证这些发射平台的安全。

第3章 新中国"双剑"发展史

3.1 从进口火炮驱逐舰到国产导弹驱逐舰

海军舰艇是一个集船舶、冶金、兵器、电子和动力等多方面技术于一身的综合体，其技术水平直接代表着国家整体工业技术的发展水平。其中，作为目前国际海军水面舰艇中最有代表性的舰种，驱逐舰最能体现出一个国家的整体工业基础和技术上达到的标准。通过对中国海军驱逐舰的发展过程进行了解，能够清楚地感受到中国工业和科学技术对驱逐舰发展的作用。

中国海军大、中型水面舰艇的设计和建造能力是通过苏联在20世纪50年代开始的对口支援获得的。当时，从苏联引进的4艘"愤怒"级驱逐舰在相当长的一段时间里是中国海军最大、最好的作战舰艇，同时也为中国海军驱逐舰的发展积累了丰富的经验。"愤怒"级驱逐舰是苏联在"二战"爆发前设计的老式鱼雷驱逐舰，到20世纪50年代后期就已经无法继续满足中国海军的需要，所以中国海军开始计划在引进设计的基础上发展自己的驱逐舰。

此时，中国海军通过实际使用已积累了一定的设计和维护经验，而从苏联引进的56型高速鱼雷火炮驱逐舰（苏联"科特林"级）的图纸和资料则成了中国第一代051型"旅大"级驱

苏联海军的07型驱逐舰

逐舰的基础。051项目虽然经受了中苏关系紧张和国家经济困难的影响，但为了给海上运载火箭测控编队提供护航警戒的需要，该项目还是在1966年夏季正式开始。

根据国内装备技术的条件和国外海军技术的发展，051型在设计过程中将反舰导弹作为替代鱼雷的主要对海作战的武器。该型驱逐舰在完成时的技术状态虽然相对国外同期驱逐舰有着明显差距，但对当时只拥有4艘引进改装的旧驱逐舰和少量近海舰艇的中国海军来说，其提供的水面作战能力是海军战斗力上的巨大跨越。

051型驱逐舰在舰体、动力、武器和电子设备方面全面立足于国内，是中国海军首次依靠国内技术力量为发展远洋海军而做出的尝试。在为我国运载火箭试验船队护航时，海军以051型为护航舰的远洋舰队首次进入第二岛链外的海域，使中国海军第一次将战斗触角伸展到了远离第一岛链的大洋深处。拥有051型驱逐舰的中国海军终于摆脱了"船小炮少"的困境，再也不会出现西沙海战中用猎潜艇去对抗驱逐舰的被动局面。同时，中国海军也通过装备051型驱逐舰而真正成了海军，而不是早期的沿海护卫队。

但是国内薄弱的工业基础在051型驱逐舰建造过程中仍然暴露出了很多问题。早期服役的051型驱逐舰中有多项设备缺装或处于试验状态。尤其是缺乏能够满足现代化战争要求

051型导弹驱逐舰

的防空和反潜武器系统，这就使该型驱逐舰在作战能力上暴露出了很多严重问题。例如，在参与1980年运载火箭实验船队护航任务中，就有驱逐舰未搭载反舰导弹，并且部分驱逐舰上的主炮也未完成全部实验。直到1980年正式批量生产的定型舰108号交付，051型驱逐舰才算真正达到了设计要求的标准。即使是这样，作为中国第一代导弹驱逐舰，051型驱逐舰在综合战斗力上明显低于当时美、苏海军和日本海上自卫队等的同类舰艇，缺乏防空导弹武器的051型在一定程度上甚至可以说只是放大后的远洋导弹艇。

20世纪80年代后期，中国海军曾经出现过一次大规模的装备发展高潮，但经济、技术和国际环境等多方面因素的限制使很多项目并没有取得成果。国内在燃气轮机发动机、防空导弹、反潜导弹和多种型号的雷达和电子设备方面几乎都是空白。过大的技术跨度和薄弱的基础工业条件之间的矛盾使新型驱逐舰项目的进展极其困难，国内所有的技术条件甚至无法满足已经降低了技术指标的新型驱逐舰的要求。在新型驱逐舰的研制中，海军装备科研单位将技术验证作为重点，利用当时中国与西方国家在装备

052A型113号"青岛"舰

技术交流方面的良好局面，采用国内设计舰艇配合引进动力和武器的方法发展新一代驱逐舰。中国与西方国家关系的缓和促进了军事技术上的交流与合作，中国从20世纪80年代开始大规模从西方国家引进军事技术和成品装备，得到了利用国外技术来推进国内舰艇战斗力发展的机会。大名鼎鼎的052型导弹驱逐舰就是在这样的背景下建造的。

该型驱逐舰用引进的燃气轮机、防空导弹、电子设备与国产的舰载武器和电子系统相综合，综合战斗力基本到了国际海军20世纪80年代中期的标准，虽然仍不具备远洋作战所需要的区域防空系统，但在防空、反潜、电子战和平台本身的技术指标上都已获得了非常大的跨越。052型驱逐舰应该说是中国将西方先进技术与国内最新技术发展

LM-2500燃气发动机

相结合的产物，主要是引进国内短期内无法完成的动力装置、防空导弹和电子设备，然后再通过对引进装备的应用和仿制提高国内相关技术的发展水平。

不过，052型两艘舰（112号、113号）的建造正好是中美关系由热转冷的时期。中国利用国外先进技术提高国产舰艇战斗力的努力瞬间停顿了下来，052型驱逐舰后续的建造计划也受到影响，被迫取消。

1995年，大连造船厂又把一艘全新的驱逐舰送上

了船台。这艘编号为167的驱逐舰在结构设计上与早期051型完全不同，采用了适合远洋作战的舰型并明显加大了排水量，在吸收了052型驱逐舰成果的新舰体和上层建筑上也采用了部分缩减雷达信号特征的措施。167号舰的出现是中国海军依靠国内力量向大型化远洋海军发展的又一次探索，其外在特点明显表现出追赶国际最先进水平的意图。不过，167号舰的性能也表现出中国海军装备技术条件对海军舰艇发展的限制。

167号舰的建造解决了驱逐舰大型化所需的舰体建造的问题，但是舰载武器系统的落后却使该舰无法真正成为具有远洋作战能力的大型舰艇，尤其是防空能力薄弱的问题并没有因装备"海红旗"-7点防空导弹和76A自动舰炮而得到解决。167号舰上的"海红旗"-7防空导弹与"江卫"Ⅱ护卫舰上的完全相同，缺乏区域防空能力的167舰仍然无法脱离陆基战斗机的掩护，在战场上和"江卫"Ⅱ护卫舰所起的作用并没有什么区别。更为重要的是，作为一型20世纪90年代的驱逐舰，使用的动力系统居然是蒸汽轮机。这在当时世界范围内来说，已经远远落后于主流的燃气轮机方案了。

不过，167号舰的整体设计目标除了完成一个大型水面舰艇的基础平台之外，也为当时正在开发和准备引进的先进作战系统提供一个试验平台。更加重要的是，167号舰五次远航也验证了国产舰艇设计和建造水平已经能够满足新一代中型舰艇的要求，167号舰在主体材料和其他作战装

051B型167号"深圳"舰

备和电子系统上的全面国产化更是相对112、113号舰的巨大进步。正是因为中国已经具备了中型水面舰艇平台的基础设计和制造能力，海军才能够将资源和力量主要集中在新一代舰载武器的研制和综合方面。

112舰、113舰和167舰的先后出现代表着中国在驱逐舰设计和制造方面已经突破了重要关口，但是20世纪90年代开始紧张的"台海危机"使中国船舶和兵器工业难以迅速满足海军对先进水面舰艇的迫切需求，中国海军开始在加强新一代舰艇研制的同时引进国外成品舰艇和舰载武器。引进国外成品舰艇的代表就是规格和排水量与167舰类似，但在舰载武器类型和战斗力上却更加系统和完善的"现代"级驱逐舰。

"现代"级导弹驱逐舰是苏联海军作战舰艇的一个组成部分，是作为强调多舰种配合编队作战的苏联海军的装备要求发展的。中国海军引进"现代"级后并没有从根本上解决驱逐舰远洋作战能力不足的问题，但是却有效地填补了新驱逐舰研制、建造完成之前的战斗力空隙，使中国海军较早地接触到了具备国际标准的现代化水面作战舰艇，而且，伴随"现代"级舰获得的SS-N-22和SA-N-7导弹武器系统也填补了国内的空白，加速了国内装备技术的发展。不过，由于苏联舰艇在设计和制造标准上与偏向西方的中国海军差异较大，因此中国海军在采购"现代"级的同时并

海上行驶中的中国海军"现代"级"杭州"号导弹驱逐舰

没有试图引进"现代"级的制造技术。

"现代"级驱逐舰使中国海军羡慕的并不是其SS-N-22对水面目标的强大攻击力，而是在短时间里独立完成类似SA-N-7的中程防空能力。SA-N-7及其改进型SA-N-12虽然在射程上还不能真正满足为舰队提供区域防空的要求，但是能够完成单舰和小编队的区域防空，因此后来的新型驱逐舰052B型上采用了类似的系统实施舰队内层防空，通过与防空驱逐舰装备的远程导弹之间的配合来满足海上舰队防空的需要。

以052B型和052C型为代表的依靠中国自身努力研制的新一代驱逐舰在排水量上比052A型有明显的增加。两型驱逐舰的服役使中国海军驱逐舰与国外同类舰艇的技术差距大幅度缩小，它们在舰载武器类型和综合作战性能上也接近了国外最新一代驱逐舰的标准。

052C型舰最值得称赞的就是类似"宙斯盾"的相控阵雷达和新型垂直发射"海红旗"-9远程防空导弹。不过，通过与国外海军装备的区域防空驱逐舰的对比可以发现，类似于新型远程防空导弹的SA-N-6大都装备8000吨以上的大舰，美国海军的"标准"-2中远程防空导弹虽然体积和重量远远小于新型远程防空导弹（"标准"-2的弹体规格和重量与SA-N-7类似），但仍然需要舰艇有较大的排水量才能同时保证相控阵天线和防空导弹的要求。作为新一代区域防空驱逐舰，052C型在排水量上虽然要比052型有一定的增加，但对于其执行的任务要求来说，满载排水

052C型170号"兰州"舰

量6000吨左右的驱逐舰相对于庞大的新型远程防空导弹和相控阵雷达来说仍显得过小。

而就在这两型先进驱逐舰基本完成的同时，大连造船厂又出现了一级与之不同的新型驱逐舰。这两艘舷号为115和116的051C型导弹驱逐舰采用了与167舰相同的舰体设计，但却装备了俄罗斯SA-N-6区域防空导弹。作为和052C舰基本同时建造和服役的防空导弹驱逐舰，这两型舰在舰载导弹武器的技术性能指标和战术应用上也基本相当，两者之间最大的区别就是后者采用俄式SA-N-6防空导弹系统，取代了国产新型远程防空导弹。如果对两型舰所采用的防空导弹系统的综合性能进行比较，那么"海红旗"-9防空导弹和SA-N-6在绝大部分性能指标和综合作战性能方面比较接近，但采用类似"宙斯盾"系统固定相控阵雷达的"海红旗"-9防空导弹要比采用旋转相控阵天线的SA-N-6更先进，而115、116号舰为装载SA-N-6发射装置更是完全占用了直升机机库的空间。115、116号舰的动力系统还是采用了与167号舰相同的蒸汽轮机。

可以说051C型与052C型相比较，最大的优势就是技术成熟和稳定可靠。由于采用了经过长期使用检验的船体和动力系统，以及引进的成熟武器系统，其可靠性和形成战斗力的速度都不是052C型可比的。通过051C型舰的缓冲能够为052C型和其后续改进型052D的发展留出时间和机会。

052D型导弹驱逐舰可以说是中国海军

051C型115号"沈阳"舰

052D型172号"昆明"舰

水面舰艇部队建设的伟大里程碑。该型舰装备有64单元通用导弹垂直发射系统，可以以冷热两种方式发射海军现役的全部舰载导弹，甚至包括巡航导弹，同时还装备有70倍径130毫米新型单管隐身舰炮、新型综合指挥作战系统、新型"红旗"-9反导防空导弹系统、攻陆巡航导弹、新型远程反舰导弹和364A型主动相控阵雷达系统。052D型舰已经不再是满足舰队区域防空的单一用途驱逐舰，而是已经开始具备制海、区域防空和陆上纵深目标打击能力的多用途驱逐舰。

一般认为052D型导弹驱逐舰是052C的最终改进型，可以代表中国海军最强大的海上作战能力。然而，2014年中国的各大网站上突然出现了一组在武汉郊区拍到的疑似先进战舰的全尺寸陆基实体模型。图片中的模型不仅尺寸远超过之前所有驱逐舰的吨位，更为重要的是从其安装在旁边的一体化隐形桅杆可以判断出该舰甚至可能具备海上反导能力。热心网友按照中国海军命名的惯例推测其就是055型导弹驱逐舰。

2017年6月29日，055型导弹驱逐舰在上海江南造船场正式下水。从当天公开的电视新闻报道可以看到，新型055导弹驱逐舰满载排水量大约在13000吨左右。舰体采用隐形化设计，外形比之前的各型驱逐舰更加的整洁平滑。各种设施设备和雷达探测系统都被整合到舰桥和一体化的隐身桅杆内。并且安装的相控阵雷达也比现役的346/346A型相控阵雷达有着更远更好的探测效果。

尤其值得一提的是，该型舰受益于舰体排水量的增大。使得其能够容纳安装下112—128个导弹垂直发射系统，火力强度、持续打击能力是目前海军舰艇中最强大的一型主力导弹驱逐舰。

3.2 "小步快跑"的中国护卫舰

中国海军护卫舰的发展历史大致可以分为三个阶段。第一阶段是以依靠国民党起义或者从苏联及其他国家购买的方式以获得具备基本作战能力的护卫舰；第二阶段则是引进苏联护卫舰装备和技术，并根据其提供的图纸施工建造的火炮护卫舰；第三阶段则是依靠我国自身的工业实力和科研水平，独立设计和建造的国产导弹护卫舰。

1950 年 4 月 23 日，南京长江草鞋峡江面举行了华东军区海军成立一周年庆典暨军舰命名授旗典礼。在"井冈山号"登陆舰指挥台上，华东军区海军副司令林遵宣读了中央军委命名的各舰的新舰名，时任华东军区海军司令的张爱萍则将命名状、军旗、舰艏旗隆重地授予各舰舰长、政治委员。这些军舰也就是20世纪50年代初东海舰队乃至新中国海军的主力战舰了。

这些军舰都由二十世纪三四十年代日本、英等国建造，后来被国民党海军接收。在加入人民海军后，又改装了苏联提供的武器装备，具备了基本的作战能力。其中满载排水量1350吨的舰队旗舰"南昌号"护卫舰，就是原日本侵华长江舰队的旗舰"宇治号"。日本投降后，由当时的中国海军总司令陈绍宽在上海江南造船厂亲自接收，将其命名为"长治号"，成为国民党海军海防第一舰队旗舰。1949 年 9 月 19 日，该舰在长江口外起义成功，于拂晓 5 时驶抵上海外滩。9 月 24 日晚为避免被国民党飞机击沉，"长治"舰自沉南京燕子矶以东江面，1950年2月被捞起送进江南造船厂整修，1950年4月命名为"南昌号"，7月修复完毕，正式编入华东军区第六舰队海军并担任旗舰。

"宇治号"炮舰

而其他诸如"惠安"、"武昌"、"济南"、"长沙"、"西安"、"沈阳"等舰，则属于日本海防舰。这些海防舰是日本在第二次世界大战末期的急造舰种，装备简陋，品质亦很差，战争结束后，舰炮和其他武器已被拆除，作为战争赔偿给到中国后，很多日舰就停泊在港内无法启用。

这十余艘护卫舰粗看起来已是一支力量不小的护卫舰队，但仔细分析却不尽然。首先，修复的护卫舰续航力极差，多数情况下只能与轻型舰艇一样沿岸活动。其次，这些舰只历经战火，维护保养困难，难以承担近海作战任务。所以在大部分人的印象中，二十世纪五六十年代的东南沿海作战我海军参战兵力都是鱼雷艇、护卫艇等小艇。但鲜为人知的是，当时护卫舰也曾大规模与国民党主力军舰编队厮杀，甚至爆发了双方旗舰之间的炮战。但大都因射击技术水平不高，指挥不灵及老旧舰艇航速较低，舰艇间通信能力差等诸多原因未能抓住有利时机击沉敌舰。

1953年，苏联根据海军技术援助协定，向中国有偿提供了"里加"级（中国称为6601型）火炮护卫舰的技术图纸资料和一批材料设备，并派出专家到中国指导装配生产。从1955年到1958年，在上海沪东造船厂装配建造4艘，分别命名为"昆明"、"成都"、"贵阳"和"衡阳"舰。

"里加"级护卫舰在当时是一型具备世界先进水平的近海轻型护卫舰。其外形线条优美、航速高，对海攻击力较强，具有一定反潜与防空能力。该舰标准排水量1100吨，满载排水量1350吨，3门100毫米主炮，4门双管37毫米副炮。经过翻译转让舰艇的资料，以及施工建造和试验试航等全面的锻炼和苏联来华专家的悉心指导，培养和造就了一大批设计和建造各类舰艇的专门人才，奠定了舰船科研设计机构和造舰工业的基础，结束了中国海军依赖国外淘汰舰艇的时代。

"里加"级护卫舰

中国以仿制"里加"级护卫舰为起点，迅速掌握了护卫舰的设计和施工建造的知识，积累了经验。并在建造01型火炮护卫舰的基础上，于20世纪60年代初自行设计制造了65型火炮护卫舰，其也成为当时南海舰队护卫南部海疆的主力舰只。

虽然，65型护卫舰的武器装备并不先进。例如，主炮是从陆上基地拆下的单管100毫米炮，主机是采用单机仅3300匹马力的柴油机，最大航速只有23节。但它是中国第一艘自行设计建造的吨位最大、技术最复杂的护卫舰。是完全立足国内的科研力量和工业能力完成从设计、建造、试验和列装服役的整个过程。

该型舰第一次采用了中国自行研制的901舰用钢材；首次采用了380 V的交流电制；首次使用了空调系统等。通过试航、使用，特别是经历了12级台风的考验，充分证明其设计是成功的，性能是优良的，建造的质量是好的，设备是可靠的。

1988年3月14日，在南沙群岛赤瓜礁发生的海战中，65型护卫舰502号"南充"舰不仅组织人员登礁，而且在战斗打响后首先做出反应。前主炮首发便命中了敌船的机枪位置，然后以100毫米主炮和37毫米炮一同开火，仅用4分钟时间便击沉了越方604船。作为65型护卫舰的代表，502号"南充"舰用战斗的胜利，将该型火炮护卫舰的价值发挥到了巅峰。

20世纪60年代中期，随着空中威胁日益严重，新一代防空护卫舰的建造呼之欲出，同时海军也要求能在近、中海对敌舰船实施导弹和火炮攻击的导弹护卫舰。20世纪70年代，沪东造船厂完成防空型导弹护卫舰（053K型）的舰体建造工作，但因舰空导弹系统、主炮系统等武器装备的研制迟迟未能完成，防空型导弹护卫舰暂时搁浅。1988年，舰空导弹研制成功并正式装舰使用。至此，20世纪

65型护卫舰502号"南充"舰

60 年代中期提出的防空型导弹护卫舰目标完成。该级舰首舰531号"鹰潭"舰曾参与了 1988 年 3 月 14 日在南海与越南海军进行的"3·14"海战，协助 502 号"南充"舰击沉越

053K 型导弹护卫舰 531 号"鹰潭"舰

船 1 艘，击伤敌船 4 艘，毙伤敌 60 余人，俘虏越军 40 多人（中校军官 1 名）。并参加中国军队收复南沙永暑礁等六岛礁的军事行动。现在该型舰已全部退出现役。

　　20 世纪 70 年代中后期，由于海军急需装备有反舰导弹的对海型护卫舰。因此，利用 053K 防空型导弹护卫舰的舰体，并将对空导弹改为对海导弹，双管 100 毫米舰炮改用现有的单管 100 毫米舰炮，仍由上海沪东造船厂负责设计、建造的 053H 型导弹护卫舰横空出世。1976 年，对海型导弹护卫舰建成。053H 型护卫舰舰长 103.2 米，宽 10.8 米，吃水 3.19 米，标准排水量 1425 吨，满载排水量 1662 吨，最高航速 26 节，续航力 2700 海里，虽无海上横向补给接受装置，但可接受纵向油、水补给。主机为 2

053H 型护卫舰 510 号"绍兴"舰

台12E390V中型柴油机，转速480转/分，单机功率8000马力。053H型导弹护卫舰是人民海军六七十年代"海岸防御"作战指导思想的典型产物，反舰火力强大，但防空反潜能力薄弱，只能在岸防导弹和岸基航空兵的掩护范围内作战，排水量偏低，海上续航能力和自持力差，053H型于1981年停止建造。

20世纪80年代初，双管100毫米舰炮系统研制成功，并安装在对海型导弹护卫舰上，编号为053H1型导弹护卫舰。053H1型舰与053H型大同小异，舰艏舷墙已取消，仍采用双机双舵柴油机动力。由于采用了法国皮尔斯蒂克柴油机，航速增至28节，因此053H1型舰动力和功率都有所加大，烟囱形状有所变化。

053H1型554号"安顺"舰

1984年11月15日开工，1985年9月29日下水，1985年12月24日服役的544号"四平"舰是053H1型护卫舰中唯一的一艘反潜型号，由原053H1型改进而成，具有典型的试验舰性质。主要加装了直升机机库，前主炮换装为1座法国T100C紧凑型100毫米单管自动舰炮，加装2座B515型324毫米反潜鱼雷三联发射器（携带A244/S型轻型反潜鱼雷24枚）等。1987年11月4日，544舰开始第二期改装工程，完善了76式双管37毫米舰炮、增加电子战系统、加装SJD-7型变深度声呐等。该舰主要担负防空和反潜、破坏和压制敌岸目标与火力、支援登陆作战、进行护渔护航及巡逻警戒等任务，是海军第一艘搭载舰载直升机的导弹护卫舰，被誉为"中华反潜第一舰"。

053H1Q 型 544 号"四平"舰

1983年，沪东造船厂、中国船舶工业总公司系统工程部和航天部三院又共同对053H1导弹护卫舰进行改进。主要是将"上游"导弹双联装回转式发射装置改为8座"鹰击"-8型导弹固定发射装置，作战指挥室装备简易的作战情报指挥系统，增设电子战系统，全舰改为封闭式。改进后的护卫舰被称为对053H2型导弹护卫舰。

053H2型于1985年入列服役，标准排水量1700吨，满载排水量2100吨，2台柴油机总功率超过20000马力，最高航速达30节，电站功率也明显增大。动力装置实行机舱集控室、舰桥和机旁应急三级控制，正常情况下可实现无人机舱。舰体采用全封闭、全空调、长桥楼结构，是人民海军第一种具备"三防"作战能力的水面舰只。

进入20世纪90年代后，中国面对越来越大的来自南海方向上的压力，取消了053H1型舰上手动双管37毫米高射炮，换装双联37毫米自动炮，烟囱改为减低红外辐射设计的053H1G型护卫舰建造完成。这种基于053H1型改进而来的护卫舰一共建造了6艘。值得注意的是，从该型首舰1993年5月交付，到第6艘舰服役，两年多的时间里为中国海军南海舰队迅速增强了作战力量。

与此同时，一款新型的053H2G型导弹护卫舰在20世纪80年代中后期

053H2型537号
"沧州"舰

开工建造。这型护卫舰是中国研制的第二代2000吨级全封闭护卫舰。053H2G型首制舰1987年开始论证建造，1992年6月交船，历时5年。该型舰满载排水量2250吨，全长111.7米、宽12.4米、吃水4.3米。舰用动力为两台改进的18E390VA柴油机，持续功率14400马力，最大功率16000马力，最高航速26节，航速18节时，续航力5000海里，战斗定员170人。4艘该型护卫舰全部服役于东海舰队，以应对20世纪90年代中后期日益复杂的台海局势。

1999年，在人民海军迎来成立50周年之际，中国新型导弹护卫舰053H3也揭开了其神秘的面纱。053H3型导弹护卫舰是当时我国海军现役装备的最先进的护卫舰。该型舰拥有现代化的综合作战火控系统和完备的武器系统，是一种具有很高性价比的多用途护卫舰。作为

053H1G型558号
"北海"舰

解放军海军20世纪90年代最大的国产护卫舰项目，7年间共有10艘053H3型舰建成下水服役于三大舰队中。

至此，全部的053型导弹护卫舰全部建造完成。并且经过"小步快跑"的不断改进，形成了5个主要型别的护卫舰系列。由于遵循的是"小步快跑"的方针，即分阶段、分批次、有继承、又不断改进的发展道路，使得我国在护卫舰建造水平上不断提高，为新世纪的护卫舰发展打下了扎实的基础，也为后续新型护卫舰的建造积累了有利的经验。

21世纪初期，中国推出了数种引人注目的新型舰艇，除了新型的导弹驱逐舰之外，也开始建造一种被称为054型的护卫舰，相较远洋舰队骨干的新型导弹驱逐舰，054型护卫舰主要负责近海守护、远洋舰队的护卫、

非作战性舰队的护航等任务。作为"小步快跑"的验证型舰，武器装备大致与053H3型相同，但是采取了全新设计的隐形舰体，在建造了2艘实验性质的舰船后，其后

续型号054A型护卫舰换装全新武器系统，从2008年开始大规模服役。

054A型舰外形设计简洁，防空、反舰、反潜配置均衡，堪称世界先进水准的设计。就数量而言，本级舰将成为中国新一代舰队组成的骨干，其适航性与作战能力都优于过去中国海军主力的驱逐舰和护卫舰。服役以来，积极参与国际远航活动、索马里反海盗等，为中国海军累积了可观的远洋操作经验。

054型525号"马鞍山"舰

进入21世纪第一个十年，采用深V长桥楼船型，适航性较好，可提供较大的舰体空间的056型轻型导弹护卫舰大量投入海军现役部队。由于采用隐身设计，舰体外飘，上层建筑内倾，形成一条贯穿舰体前后的折线，舰面上的设备如小艇、鱼雷发射管都遮蔽处理。因此，056型也是我国第一种隐形设计的轻型导弹护卫舰。

中国海军大批量建造056轻型护卫舰用于近海防御，担负日常巡逻任务。中国海军最主要的两大护卫舰群的定位日益清晰。以远洋护卫力量定位的054/054A型护卫舰，以为近海海上提供巡逻和护航定位的056型护卫舰。这两型舰将成为中国护卫舰的主力，挑起大梁并替代之前服役的早期053型导弹护卫舰。

停泊在港口的056型导弹护卫舰

第4章 新中国"双剑"群英录

4.1 新中国第一型火炮驱逐舰——"07"型驱逐舰

20世纪50年代初，逃至台湾的国民党海军，不断对大陆沿海进行骚扰，美国海军舰队也时常出现在我国沿海，由于当时美国只承认3海里领海线，其军舰有时甚至就在我国港口以外不远处游弋。为了加强海防、同时为了准备解放台湾，中央决心加快人民海军的建设步伐。1953年，我国和苏联政府签订协议，进口4艘驱逐舰。

该型驱逐舰是苏联在1932年开始的第二个五年计划中建造的舰队驱逐舰。计划建造数量多达53艘，用来组建8个驱逐舰支队，分别配备给波罗的海舰队、黑海舰队、太平洋舰队和北方舰队。因为工程设计代号为"7"，因此被称为07型驱逐舰，按首舰舰名又称为"愤怒"级驱逐舰。

在20世纪二三十年代，苏联与意大利有着良好的军事合作关系。意大利海军将"西北风"级驱逐舰的设计提供给苏联，并成为苏联"愤怒"级驱逐舰的设计基

苏联"07"型驱逐舰

础。苏联保留了意大利舰只的基本设计，采用了大型单烟囱结构、长首楼的基本舰型及动力装置的布置形式等，并沿用了130毫米单管舰炮，小型防盾，前后以背负式各布置2门。与意大利舰炮相比，苏制火炮不仅发射

炮弹重，而且性能更好。为了更好地使用这些重型舰炮，苏联采用了强度更高的钢材制造炮架。

"愤怒"级的防空火力在当时来讲是相当强大的，对空射击任务主要由装备的2门76.2毫米高炮完成，这2门炮布置在2个鱼雷发射管之间的甲板室上，这样可以拥有更好的射界，同时也不影响主炮的使用。高炮的测距仪布置在3号主炮的前方。另有2门单管45毫米速射高炮布置在首楼甲板的两侧，位置在烟囱与舰桥之间，后被双联装37毫米高炮所替代。鱼雷发射管为2组3联装，水雷导轨总长140米，最多可布放56枚水雷。

舰艏2座130毫米舰炮

双联装37毫米高炮

"愤怒"级的外形识别特征之一是有一个大烟囱，这表明该级舰没有采用单元式的动力机械布置方式。锅炉舱内有3台锅炉，其后的机舱有2台蒸汽轮机。这样的动力布置使该级舰在服役初期产生了一些问题，机舱部位有很严重的振动，易造成推进器桨叶断裂。试航中无法达到设计航速，部分舰只不得不重新调整蒸汽轮机的安装部位，才最终解决了这个问题。该级舰的另一个缺陷是设计结构强度弱，因为意大利驱逐舰主要用于比较平静的地中海水域，而不像苏联舰只要经受北冰洋、太平洋的恶劣海况，不过推测也可能是建造工艺的原因。

1954年10月13日，由苏联海军太平洋舰队参谋长彼得洛夫少将率领"记录号"、"尖锐号"开抵青岛交付，10月24日"记录号"和"尖锐号"

被重新命名为"鞍山号"（舷号101）、"抚顺号"（舷号102），组建成立解放军海军驱逐舰第一大队；"果敢号"、"热心号"于1955年6月28日开抵青岛交付，7月6日被重新命名为"长春号"（舷号103）、"太原号"（舷号104）。至此，新中国海军终于有了自己的驱逐舰部队。由于这4艘驱逐舰是当时中国海军吨位最大的战斗舰艇，因此被海军部队指战员称为"四大金刚"。

07型驱逐舰服役后，参加了多次重大军事行动。1955年11月，"鞍山"和"抚顺"两舰，参加了著名的辽东半岛抗登陆演习。此次登陆是以美军在辽东半岛进行联合登陆为假想前提，"鞍山"、"抚顺"两舰奉命执行蓝方登陆编队的警戒和火力支援任务，模拟假想敌护航舰艇。演习中，两舰及时准确地进行了各种队形变换和火力支援任务，时间误差不超过15秒，距离误差不超过2链（计量海上距离的长度单位，1链=185.2米），初步显示了海军官兵的训练水平。

舰艇的130毫米舰炮

1959年4月，"四大金刚"编队南下，赶赴舟山群岛，参加了以解放金门为假想背景的三军合成渡海登陆战役演习。此前，在一江山岛战役，海军只能用吨位较小的护卫舰和临时改装的火力支援舰执行火力支援任务，而07型的主炮和火控装置比起之前的舰艇来说，有着质的提高。在5月的正式演习中，担负直接火力支援的"鞍山"、"长春"两舰发射130毫米炮弹197发，仅几分钟时间便一举摧毁了一米多厚的钢筋混凝土碉堡，获得在场的南京军区司令员许世友将军的高度评价。

除演习以外，"四大金刚"服役后，还参加了若干次保卫国家领海的行动。1962年4月13日，美国"狄海文号"驱逐舰进入我国青岛外海，"鞍山"、"长春"、"太原"舰奉命监视美驱逐舰。双方对峙两天后，美舰突然转向，试图侵入我国领海。"长春"舰立即发出战斗警报，进行了战斗测绘，炮口瞄准美舰，此时双方实力基本相当，我方甚至还略占优势，美舰只能调头退回公海。经过8天8夜的对峙，美舰终于退出我国领海一线。应该说，这是人民海军第一次使用与对手水平相近的装备执行此类任务。

1977年5月1日—7月22日，以"鞍山号"为指挥舰，率"抚顺号"首次到台湾海峡为打捞沉船"阿波丸号"的作业护航警戒。"阿波丸号"是第二次世界大战中日本的大型运输船，在1945年运载从国外劫掠的物资（包括一批贵重物资，其中就包括传说神秘消失已久的"北京人"头盖骨化石等）回国途中被美国海军潜艇击沉。1972年美国总统尼克松访华时将该船沉没位置等资料作为礼物赠送中国。"鞍山"、"抚顺"两舰在此次行动中创造了07型驱逐舰海上航行6000多海里、连续航泊56昼夜的纪录。

"四大金刚"在新中国海军建立后的一段时间内，因为装备了雷达、声呐、深水炸弹、鱼雷、130毫米主炮等较为先进的反舰、防空武器，形成了对海攻击、对空防御和对潜攻击的自主作战能力。但是，随着科学技术的发展，"四大金刚"所装载的装备性能和自动化程度日显落后。1969年5月，"鞍山号"驱逐舰开始进行改装，拆除原有的鱼雷发射系统，装上了2座双联装"上游"–1（SY-1）反舰导弹发射装置，并装备了相应的雷达、导航电子设备。其余3艘也在20世纪70年代初完成改装，从而大大提高了其海上作战能力。

舰体中部的SY-1反舰导弹发射器

"上游"-1（SY-1）反舰导弹仿制自原苏联544反舰导弹，1967年设计定型，是中国研制的第一种舰载反舰导弹，射程50千米，战斗部重510千克。命中1枚即可使万吨战舰失去战斗能力。导弹发射后迅速爬升到100—300米高度，捕捉目标后，急速降到30米高度巡航飞行。在弹道末端，导弹再次降到8米飞行直至击中目标。该型导弹的装备使用，使得07型这种"二战"前设计的老旧驱逐舰一跃成为具备导弹打击能力的先进战舰，可以直面当时世界上任意一种航空母舰、战列舰和巡洋舰等大型战舰。

"四大金刚"服役期长，远超其原来设计的30年服役期，成为世界上服役时间最长的驱逐舰。20世纪80年代末至90年代初，它们相继退出现役，结束了保家卫

完成现代化改造的103号"长春"舰

国的重任，被我国自行研制的第一代、第二代导弹驱逐舰所替代。

综合来看，07型驱逐舰原来是为了适应苏联寒带海域而设计。因此，舰内空间狭小、通风不良，居住性非常差。舰员生活、工作条件非常艰苦。同时由于设计年代的原因，武器装备自动化程度低，反应时间长等缺点众多，已越来越不能适应现代海战的要求。虽然在当时的条件下，这4艘舰主要起到了培养驱护舰艇使用人才，积累同类舰艇使用经验的作用，同时也由于我国尚缺乏驱逐舰独立设计、生产能力，这4艘舰可以说是海军长远发展的"家底儿"。因此，4艘舰均没有参加过海战，这也是"四大金刚"海军生涯中最大的遗憾。

"四大金刚"："抚顺"舰、"长春"舰、"太原"舰和"鞍山"舰分别于1989年、1990年、1991年和1992年退出现役，各舰退役后的去向也各有不同。最早退役的是"抚顺"舰，被江苏江阴的一家拆船厂买去拆成废铁。"长春"舰退役后被山东省乳山市购去停泊于该市的银滩作为展示舰用，至1999年"长春号"已接待游客40多万人次，许多游客都在舰长、政委室度过特别的夜晚。"太原"舰退役后停泊于大连老虎滩作为大连舰艇学院的练习舰。最后一艘退役的则是第一艘服役的"鞍山号"，巧合的是该舰最后一任舰长苏海音少校正巧是"鞍山"舰首任舰长苏军之子。

值得一提的是，在"鞍山号"隆重的退役典礼上，"鞍山"舰第一任舰长、后任北海舰队司令员，当时已离休的苏军将军，将他38年前升上去的军旗降了下来，交给了"鞍山"舰最后一任舰长，他的儿子苏海音。与此同时，最为感人的一幕是"鞍山号"最后一任政委曲卫平，含着热泪在退役典礼上致辞，在宣读不足2000字的致辞时，因情绪激动，泪流满面，语不成句，在场的人们无不动容。"鞍山号"退役后，停泊在青岛海军博物馆内。

4.2 国产驱逐舰的开山之作——051型导弹驱逐舰

新中国建立伊始，工业基础薄弱，依据当时的工业现状，要想建立起一支现代化的大中型水面舰队来保卫京畿，解放台湾，巡航南海是根本不可能的。虽然20世纪50年代初，中国政府从极为紧张的国防经费中拨出2亿卢布专款从苏联订购4艘驱逐舰，但数量和质量都无法做到长时间远距离的战备巡航。

虽然这4艘07型驱逐舰于20世纪60年代末开始进行现代化改装，加装了2座双联装"上游"-1（SY-1）舰对舰导弹发射装置，并配备了相应的雷达、导航电子设备。但舰体的先天不足，例如，舰内空间狭小、通风不良、居住性非常差，无法满足远航的要求。更为重要的是07型驱逐舰根本无法为即将到来的远程火箭试验船队提供全程护航，由此新一代的051型驱逐舰应运而生。

根据20世纪50年代末期，中国获得的部分苏联56型（"科特林"级）驱逐舰技术设计图纸资料，结合自身的技术能力，海军成立了新型驱逐舰的研究机构，开始驱逐舰研制方案的探讨工作。期间经历和克服了20世纪50年代末的国家严重困难以及基础工业薄弱的不利影响。到1965年

苏联的"科特林"级驱逐舰

底，各项仿制设备取得了不同程度的进展，为1966年驱逐舰正式上马奠定了基础。

051型首制舰"济南"舰于1968年12月24日在大连造船厂开工建造（由于当时大连造船厂所在地为旅大市，因此北约也把051级命名为"旅大"级），并于2年后的7月30日下水（舷号223）。当时舰上的一些武器装备、雷达电子系统等研制还未完成，无法上舰安装，后来通过不断的努力和技术改进，终于在1974年底正式安装到位，为该级舰的最终设计定型奠定了基础。此后在此基础上又研制出了051型指挥舰（为远程火箭试验舰艇提供指挥保障）。

出厂舷号223，后改为105号的"济南"舰

051型后续舰由大连造船厂、上海中华造船厂、广州造船厂三个造船厂承担，在1970年和1991年之间建造，至此，051型共建成了17艘。051型导弹驱逐舰在建造服役期间，被不断进行改装、升级，其武器装备上也有极大的差别。其中包括051基本型，051D型（D代表定型），051Z型（为火箭试验而研制的指挥型，Z代表指挥），051DT，051S，051G1/G2这几个型号。

限于中国当时工业水平，051型首批次各舰建造过程中存在设计不足，建造工艺参差不齐的问题导致部分雷达、电子设备未装备上舰，并且

"海鹰"–1号反舰导弹

为之配套的反舰导弹"海鹰"–1型也正在不断地试射改进中（该系统直到1983年才最终设计定型），影响了武器的安装和战备使用。

051D型是正式定型并开始批量建造的第二批次舰，20世纪70年代中期以后，自108舰起，针对051基本型在建造和使用过程中暴露的问题，开展了相关的改进工作。最主要的改动是以高射速的双联37毫米舰炮代替了低射速的双联57毫米舰炮。除舰炮之外，051D型的改变有40多项，包括雷达系统、反潜电子通信系统、卫星导航系统和海上补给系统等。并且在"海鹰"–1甲型反舰导弹设计定型后改用该型反舰导弹，导弹的飞行高度降低到50米，射程提高到95千米。051D型最晚建成的164舰建造中加装空调设施，改善了舰员生活条件。值得一提的是，1985年11月18—19日，051D型舰133号"重庆"舰（标准排水量3250吨）单舰在对马海峡监视苏联海军"基洛夫"级"伏龙芝号"核动力巡洋舰（标准排水量23750吨）和苏联海军"现代"级"缜密号"驱逐舰（标准排水量7900吨）两过程中，133号"重庆"舰孤身紧紧跟随两艘苏联巨舰，直到两艘苏联海军军舰到达海参崴才返航。这一幕被飞临对峙上空的日本海上自卫队摄影师柴田三雄拍下，成为弱小的中国海军面对超级大国海军挑衅毫不示弱的象征。

1977年，为配合将于1980年进行的代号"718"的洲际导弹飞行试验远洋测量任务，对测量船队和护航编队实施统一指挥，海军决定研制051Z型指挥舰（Z代表指挥），指挥舰主要是增强编队通信和指挥能力，并且还

051D型导弹驱逐舰133号"重庆"舰与苏联海军"基洛夫"级"伏龙芝号"核动力巡洋舰对峙

解决驱逐舰油水补给设备改装的问题。051Z型第一艘132舰是已开工的D型改进而来的，在1980年交付东海舰队后，参加了为洲际导弹发射试验测量船队护航的任务，并担任编队的指挥舰，第二艘110舰于1981年下水后曾因主机等设备不能按期交货，舰体在码头搁置了两年，后于1984年12月交付北海舰队。

051DT型驱逐舰只有1艘109舰，该舰于20世纪80年代中期开始被选作测试新装备的平台。测试中国在1987年与法国汤姆逊公司签署协议，所购进的两套"海响尾蛇"舰空导弹系统。1989年10月至1990年12月，109舰在大连造船厂改装期间，在舰艉的原双联37毫米舰炮处加装了其中的一套"海响尾蛇"防空导弹系统以进行试验（另一套安装在052型112舰上）。051型舰终于第一次拥有了堪用的防空导弹了，并且可以不再以37毫米的舰炮作为唯一的防空武器。不过"海响尾蛇"只是提供了单舰点防空能力，远远满足不了区域防空的需要。

1987年，为了验证舰载直升机的搭载和使用，105舰拆除了后甲板1座130毫米双管舰炮，2座37毫米双管舰炮，2座25毫米双管舰炮，并在主甲板上加装了1层甲板，安装了1座双直升机机库，可以停放2架国产直-9反潜直升机，其也成为唯一能够搭载直升机进行反潜作战的051型

加装了直升机库
的105舰

"海标枪"防空导弹

导弹驱逐舰。

20世纪80年代初期，随着国际关系的缓和，中国曾有意购买具有区域防空能力的英国42型导弹驱逐舰，后因为预算问题放弃。两国协商后将42型导弹驱逐舰搭载的射程40千米"海标枪"防空导弹加装到051型驱逐舰上，从而使中国海军获得区域防空能力，此项计划被列为双方军事技术合作的重点。中国海军最初设想是为当时服役的6艘051型驱逐舰进行全面的现代化改装，覆盖舰载武器、火控雷达、指挥、电子对抗设备和作战指挥中心，并着力增强舰队和单舰的防空作战能力，这就是051S的来历。

后由于1982年马岛战争期间，42型舰沉没两艘（"谢菲尔德号"被"飞鱼"反舰导弹击沉，"考文垂号"被A-4"天鹰"攻击机临空投掷4枚450千克炸弹击沉），重伤一艘，表现不佳。中国内部出现不满意42型驱逐舰的声音，所需要费用超出预算，再加上中英两国关系出现反复，该计划被搁浅。客观地来说，作为一型20世纪70年代设计制造的区域防空导弹，"海标枪"的技术性能指标还是非常先进的，虽然在英阿马岛战争中搭载该型导弹的驱逐舰被击沉2艘，但当初"海标枪"设计要应对的目标就是高空飞行的飞行器，而不是掠海飞行的反舰导弹。并且，在雷达探测系统工作正常的情况下，"海标枪"也并非一无是处。在马岛战争中，英海军用该导弹先后击落阿根廷5架飞机和1架直升机。海湾战争中，英舰用该导弹成功地拦截了伊拉克反舰导弹，创造了首次成功拦截反舰导弹的世界纪录。总体而言，如果051S型驱逐舰能够及时服役，中国海军将提前20年获得区域防空能力。而不是20年后从俄罗斯引进"现代"级导弹驱逐舰才开始获得此项能力。

051S的方案图

051S计划失败后，1983年11月确定051G设计方案。重点改进自动化和雷达、无线电设备的电磁兼容性，改善近程防空能力，提高反舰能力，总体作战效能比051D型有大幅度提升，为下一代052新型导弹驱逐舰研制、建造积累了经验。

051G1及之后的G2型相比老款舰只最大的外观区别在于用双联装37毫米全封闭自动高炮取代了原有双联装37毫米敞开式高炮，提高了该舰近距离的防空能力。

165舰/166舰在后来现代化改装中改装八联装"海红旗"–7导弹（HHQ–7）防空导弹(法制"海响尾蛇"防空导弹的国产化型号)系统、4座四联装"鹰击"-83反舰导弹系统，并相应改装了雷达与电子战等电子设备，有所不同的是用2座双联装100毫米口径舰炮取代了原有双联装130毫米口径舰炮。被取代的130毫米舰炮是由66型岸炮改装之后上舰而来的，其巨大的外形和低下的自动化水平一直被人诟病。

　　不过，客观地评价，由于051设计的参考对象是苏联的"科特林"级，所以该级舰现代化程度不高，设计水平和设计理念也仅仅相当于20世纪50年代到20世纪60年代的标准。存在着很多问题：缺乏有效的防空、反潜火力的问题。防空手段依旧以4门双联57毫米防空炮后改为37

76式双联装130毫米舰炮

毫米防空舰炮和4门25毫米防空舰炮构成，防空理念依旧停留在"二战"阶段，防空手段单一；并且该舰也是在"二战"后全世界下水的驱逐舰中安装火炮最多的一型驱逐舰；结构设计落后，整个舰体防水隔舱少，机舱之间也缺乏足够的防护，抗沉设计与抗损性不佳；没有完善的空调设备与核、生、化三防系统；通信与电子设备落后，早期型号没有综合作战指挥中心；吨位过小，舰的长宽比大，对刚度、强度带来不利影响，适航性不佳；人机界面不佳，居住性欠佳，机炉舱温度高，没有餐厅，生活条件非常艰苦；等等。

　　虽然针对以上种种问题，在21世纪开始的现代化改造中都或多或少的考虑到了并进行了改进。奈何051型导弹驱逐舰"先天不足"，"年事已高"，有相当大的一部分已经退出现役，并且经过现代化改装的051型导弹驱逐舰也将最终退出海军装备序列，051型导弹驱逐舰这个海防老战士将渐渐地离我们远去。

纵观051型导弹驱逐舰，受到当时中国工业条件的限制以及当时的设计思想的影响，在今天看来从它诞生的那天起就注定了它不够先进。但也正是这不够先进的051型导弹驱逐舰开启了中国海军水面大中型战斗舰艇的研制道路，并且在它行将垂暮之年还以不同的方式扮演了到后续舰只技术试验验证和战斗值班备份的角色。因此，我们现在研制的几乎所有的导弹驱逐舰上都有051型导弹驱逐舰的影子。

4.3 迈向现代化的初步尝试——052型导弹驱逐舰

进入20世纪90年代后，中国海军面临着新中国成立以来最为严峻的政治、军事威胁。首先，中国与西方维持了十多年的"蜜月"期结束，加之苏联的解体，西方开始重新将颠覆中国政权作为最重要的"政治任务"，并且重新开始对中国政治、军事、经济等进行全方面的封锁；其次，由于国际政治形势的变化，一向比较平静的台海局势也发生了重大变化，以李登辉为首的台独分子成为台湾地区的领导人，意图把台湾从中国分裂出去。在这种情况下，维护国家统一和领土完整、打击分裂主义就成为当时包括海军在内的整个国防力量的首要任务。但当时中国海军水面舰艇的实力并不强，特别是作为一线主要作战力量的051型导弹驱逐舰虽然数量庞大，但技术水平和作战能力与西方同类装备相比存在着巨大差距，甚至与台湾地区海军相比也没有优势。

在20世纪80年代与西方各国的军事技术交流中，中国海军也已深刻认识到了技术差距，因此在利用引进的部分西方武器和雷达电子设备对现有051型驱逐舰进行现代化改装的同时，一种具备更强作战能力的052型

"旅沪"级导弹驱逐舰的研制工作也在20世纪80年代中后期开始启动。这种新型驱逐舰引入了大量的欧美设计理念，着重提高反潜、防空能力，增强自动化程度、生存性、居住性和多用途性，是中国海军一种可以胜任20世纪90年代海战环境的现代化驱逐舰。

052型导弹驱逐舰的剖视图

052型"旅沪"级导弹驱逐舰的舰体设计更倾向于欧洲20世纪80年代初期广泛采用的高干舷、大飞剪式舰艏、方尾、全封闭设计，可在核、生、化环境下作战，水线以上的舰舷略向外张，全舰的长宽比下降到9，提高了舰艇耐波性及航行的稳定性。舰体中部还装有可自动调节的可收放式减摇鳍，进一步提高了高海况下舰艇平台的整体稳定性。052型"旅沪"级导弹驱逐舰的动力装置对于中国大、中型水面作战舰艇具有里程碑的意义，它采用了世界先进的柴—燃联合动力推进装置，选择美国LM-2500型燃气轮机和法国16PA6SPC型大功率增压柴油机的动力组合。无论是LM-2500型燃气轮机还是16PA6SPC型柴油机，都是国外20世纪80年代大量应用的成熟动力装置，其中LM-2500型燃气轮机是由TF-39航空涡轮风扇发动机改装而成，技术先进，性能可靠，大修时间长达15000小时。由于采用了模块化设计，需要更换内部受损部件时只需将损坏模块取下换上新模块即可，无需将燃气轮机拆除更换，因而方便快捷，可维护性非常出色。其体积小、重量轻、输出功率大、可靠性高、加减速性能好、自动化程度高、噪声小、油耗低的优点是老式051型导弹驱逐舰上采用的蒸汽动力装置所无法相提并论的。而法国的16PA6SPC型柴油机更是法国海军护卫舰和驱逐舰上的主力发动机，技术先进、可靠。因此，052型驱逐舰动力装置的整体可靠性、加减速性能、反应时间等都达到了世界先进水平，与国外20世纪80年代以后建造的新型驱逐舰基本处于同一水平。

LM-2500燃气涡轮发动机

新型高效动力装置的采用，使只有4500多吨的052型"旅沪"级导弹驱逐舰不仅具有32节的高航速，同时在中、低航速时的机动性和可控性也大幅提高，对噪声及红外辐射的控制程度也达到了较高的水平。特别是在执行反潜作战时的优势将更明显，搜潜、攻击的成功率大为提高。对于续航力而言，052型驱逐舰与051型相比有了极大提高，15节时可达6000海里，18节时也可达4000海里。

052型驱逐舰的舰炮系统采用的是国产装备，由1座双管100毫米舰炮和4座双管全自动37毫米舰炮构成，负责中近程对海、对空目标的打击。反舰导弹则采用了当时刚刚完成研制的"鹰击"-8A型反舰导弹，射程增加到85千米，具备了超视距打击能力，在舰体中部共布置8枚，数量和性能基本达到西方同类型驱逐舰的水平。

为了弥补中国海军一直十分薄弱的防空能力，052型"旅沪"级导弹驱逐舰112舰上装备了从法国引进的"海响尾蛇"近程舰空导弹系统，在作战性能和技术水平上，它要比中国海军装备在053K型护卫舰上的国产"海红旗"-61至少先进一代。

"海响尾蛇"舰空导弹系统除具有较强的近程防空能力外，着重考虑了对新出现的掠海反舰导弹的拦截能力。"海响尾蛇"导弹全长2.94米，弹径0.156米，翼展0.54米，弹重87千克，战斗部重14千克，最大飞行速度750米／秒，最大航程12千米（对飞机）或7千米（对反舰导弹），最大射高5500米，导弹采用雷达、红外、光学复合引导，全程指令制导，全系统反应时间只有6秒（国产"海红旗"-61则为15秒）。八联装发射架可对4个来袭目标进行攻击，发射装置后部还装有可存放16枚导弹的弹库，可快速进行自动或人工装填（完成8枚导弹的再装填只需5分钟），具备一定的持续作战能力。

在装备了"海响尾蛇"近程防空导弹系统后，052型驱逐舰具备了对抗20世纪80年代末、90年代初的空中及海上反舰导弹威胁的能力，虽然国外此时已经开始进一步提高和完善区域防空能力（如美国装备的"标准"1、2中远程舰空导弹，苏联／俄罗斯装备的SA-N-7和SA-N-6中远程舰空导弹），但对于中国海军来说，要一步实现这个目标显然很不现实。所以，在当时可以获得类似"海响尾蛇"这种具备

"海响尾蛇"近程防空导弹

较强近程点防空能力的舰空导弹系统后，尽可能加快其国产化程度并增加装备数量才是当务之急。

052型"旅沪"级导弹驱逐舰另一项值得称道的作战系统就是它装备的现代化反潜系统。长期以来，由于受到技术的限制，中国海军水面舰艇的反潜武器和相关技术的发展相当缓慢，仍然是以"二战"时期常用的反潜深弹和反潜火箭为主，而这种反潜手段在面对20世纪80年代后出现的现代化潜艇目标时已基本上失去了作用。因此在052型驱逐舰的研制中，提高反潜系统的作战能力和技术水平成为一项十分重要的任务。052型驱逐舰的反潜系统是按西方标准的多层次对潜探测、打击模式来配置的，整体技术和作战能力达到了国外20世纪80年代初一些专用反潜驱逐舰的水平。

052型驱逐舰由反潜直升机、轻型反潜鱼雷和反潜火箭发射器以及相应的声呐探测系统构成远、中、近三层反潜体系。为了提高远程搜潜攻潜能力，舰艉特别配置了大型起降平台和双直升机机库，这在中国海军驱逐舰上是极为少见的。不过，由于当时国产反潜直升机的研制还没有完成，只能搭载从法国进口的"黑豹"反潜直升机来承担外围搜潜、反潜任务。虽然"黑豹"轻型反潜直升机的搜、反潜系统相对于美、苏海军装备的10吨级中型反潜直升机还存在一定的不足，但是对于中国海军来说，它已经可以为水面舰艇提供最基本外围的搜反潜能力，为之后的驱护舰全面实现搭载直升机起到了极大的作用。10千米范围内中程反

112号"哈尔滨"舰舰艉部开启的双机库

潜则由舰上配置的2座从美国进口的三联装324毫米鱼雷发射装置完成，这也是中国在20世纪80年代与美国处在"蜜月"期时，与其进行军事技术交流时引进的装备。近程反潜则由舰艇的2座12管250毫米反潜火箭发射装置负责，由此就构成了比较完整的对潜打击体系。

与此同时，052型驱逐舰的声呐系统也进行了升级，由传统的国产舰壳声呐改为拖曳式和可变深度声呐（分别采用了法国和意大利技术），对不同潜深的潜艇目标具备了更强的探测、跟踪能力，可以更有效地保证舰上全新的反潜武器正常、高效的运作。

此外，052型驱逐舰上的雷达、电子设备是当时国内最为完善和先进的，其中包括从法国引进的"海虎"对空对海雷达，近程对海雷达，综合化电子战、远程通信以及国产远程对空警戒、导航雷达，数据链系统等。更为重要的是，舰上装备的综合作战指挥系统使得雷达、作战信息中心、指挥中心、导弹系统、火炮系统、反潜系统、电子战系统、数据传输及通信等多个子系统联成一个整体，实现了多点自控操纵，生存力强，能同时对空、对海及对潜搜索，显示空中、水面、水下的战术图像。该系统具有对跟踪的空中、海上及水下目标进行威胁判断、目标指示，对舰载武器进行火力分配、电子战控制，对目标进行分类、标定及识别等功能，这是中国海军驱逐舰首次实现类似功能，其技术和性能达到国外20世纪80年代中期的水平，相较于之前装备的051型导弹驱逐舰，技术上的跨越是非常大的。

052型驱逐舰的设计是在20世纪

航行中的113号"青岛"舰

80年代中期开始的，由于融入了大量引进的相关技术和武器装备（约占整舰的70%），因此是中国海军当时十分重视的一项驱逐舰发展计划，原计划的建造数量为8—10艘，取代技术水平和作战能力已经十分有限的051型驱逐舰。但取得进步的同时也产生了一个不可回避的问题，就是整个建造工作对进口设备的依赖性非常大。在中国与西方各国关系正常的情况下，这个问题并不十分严重，但随着20世纪80年代末中西方关系趋冷，这种外部条件已经不复存在，052驱逐舰后续舰的建造计划也因此被全部打乱。在建成2艘（112号"哈尔滨"舰和113号"青岛"舰）之后，后续建造计划被全部取消，几乎与首舰同时开工建造的同型舰113号"青岛"舰由于大量进口装备无法及时获得而不得不修改部分设计和装备型号。这才最终完成该舰的建造。这也直接导致了其建造周期延长了近2年，交付后也由于各类技术可靠性方面的问题而长期无法形成作战能力。

不过，通过052型驱逐舰的设计建造，也使我国的设计人员第一次接触到西方标准的现代化驱逐舰设计建造的思想和理念，既开阔了眼界也开拓了思路。在装备进入部队现役之后，人性化的设计，完备的作战体系，良好的航行性能深受舰上官兵的好评。从此之后，中国的水面大型作战舰艇日趋倾向西方标准。虽然由于该型舰受到外部国际环境的影响，最终未能大批量装备海军成为主战装备。但受此影响，也让我们明白了一个深刻的道理，那就是"金钱买不来现代化"。此后我国加大了舰用燃气轮机、区域防空导弹、相控阵雷达等关键技术装备的科研投入，最终使我国成为世界上少数几个掌握导弹驱逐舰全部武器装备、电子系统、舰用发动机等关键设备系统，拥有自主设计和生产能力的国家。

4.4 大型化、隐身化的051B型导弹驱逐舰

由于20世纪90年代中期"台海危机"，中国海军面临着极大的军事压

力，加速生产和装备性能较为先进的一线主力驱逐舰已经成为十分紧迫的问题。但是，之前的052型导弹驱逐舰因部分重要部件无法从原来的渠道获得，后继发展受到严重的阻碍。然而，中国海军对驱逐舰的要求就是以赶超世界一流导弹驱逐舰为目标。因此，当时中国海军采取了两种措施来弥补，一是引进俄罗斯"现代"级驱逐舰，以尽快缓解水面大型战斗舰艇不足的局面；二是以052型驱逐舰技术为基础，通过安装一系列已经经过实际使用，确认成熟和稳定的技术装备，来最低程度地降低新舰研发、设计、建造的风险，为国产驱逐舰的发展延续技术，尽快地追赶上世界的先进水平。这样，051B型"深圳号"导弹驱逐舰便应运而生。

"深圳"舰可以看作是052型驱逐舰的技术延续，两者在技术上有着紧密的联系，其中平台的线型基本上是一致的。当时，国际上的导弹驱逐舰已经开始向隐形化、大型化的发展趋势转变。"深圳"舰为了赶上这一世界潮流，同时为获得更大的内部空间，舰体尺寸和吨位都要比052型驱逐舰大很多，平台的整体稳定性和航行性能也有了很大的增强。

不过，由于当时中国尚未解决至关重要的舰用燃气轮机技术，所以"深圳"舰的动力装置采用2台

167号"深圳"舰下水时的状态和航行姿态

源自 20 世纪 50 年代苏联 56 型驱逐舰 TB-8 蒸汽轮机国产仿制型号 453（051 型驱逐舰动力装置）的深度改进型 453B。因此船型和舰载装备与老式 051 型导弹驱逐舰毫无关系的 "深圳" 舰，被作为 051 级导弹驱逐

TB-8 和 453 蒸汽轮机

舰的改进型方案而上报中央。为了区别原来的 051 型导弹驱逐舰，后来人们也就习惯称其为 051B 型。

在舰载武器方面，为了避免再次出现 052 型导弹驱逐舰部分关键技术容易受外部环境影响而中断的问题，该型舰全部采用国产型号或是进口型号的国内仿制型号。舰艇配备一座 79A 式双联装 100 毫米 56 倍径自动速射炮，单炮射速 30 发/分，并在 2004 年初升级为 79B 型（换装隐身炮塔壳，并改善系统整合度与可靠度）。舰上 2 组三联装反潜鱼雷发射器也沿用 "旅沪" 级，此发射器是模仿美制 MK-32，鱼雷则使用仿自美国 MK-46 Mod2 的 "鱼"-7。

防空导弹方面，则采用了法国 "海响尾蛇" 的国产仿制型号 "海红旗"-7 舰载防空导弹，导弹发射器为八联装发射装置；除了发射器内 8 枚 "海红旗"-7 导弹之外，发射器后方设有一个能携带 16 枚 "海红旗"-7 的备用弹库以及附带的自动装弹机。两者均埋入甲板以下，平时以一个装在滑轨上的板盖加以封闭。进行再装填作

业时，板盖向右滑动，使装弹机得以扬起进行作业。相较于"旅沪"级直接将备用弹库和装弹机露天设置，051B型驱逐舰的埋入式设计显然更为理想，能避免风吹、日晒、雨淋、浪打所造成的侵蚀。当然这也是得益于平台设计较为宽敞，自然有空间来设置埋入式弹舱。

不过，"海红旗"-7型防空导弹仅装有一具负责制导的345型火控雷达，且无分时照射技术，一次只能制导一枚接战，不具备应付饱和导弹攻击的能力。近程防卫武器与"旅沪"级一样拥有四座双联装76A式37毫米全自动舰炮，由2具347C火控雷达、88式指挥火控系统指挥。在配置方式上，"深圳"舰通通将其移至宽广的机库上方，4门炮分别置于尾楼的4个角落。这种安排的缺点是使得在舰艏方向上造成射击死角。

"深圳"舰上"海红旗"-7型防空导弹的特写

"深圳"舰最大的改进是反舰导弹从052型舰的8枚增至16枚，由发射器外观可判定型号为射程200千米，战斗部重180千克的"鹰击"-83。"深圳号"拥有2个机库，可以同时容纳2架俄制卡-28反潜直升机。舰艉直升机甲板设有从法国引进的"鱼叉"式辅助降落系统，在起降区中心设置固定用的圆形金属网孔，省略了直升机轨道滑车系统，这种设计成为了后来中国新一代驱护舰的标准结构。

"深圳"舰上最核心的改变在于首次装备了编队指挥系统，这在以前各型驱逐舰都是不具备的，甚至当时代表国内最先进水平的052型导弹驱逐舰所装备的西方舰载指挥系统也只能满足本舰自身信息处理和指挥要求，与"深圳"舰上装备的编队指挥系统根本不是一个技术水平。

"深圳"舰中部的反舰导弹发射装置

众所周知，中国海军一直缺少像美国海军"蓝岭号"和"惠特尼山号"这样的专用指挥舰。但随着进入21世纪后中国海军走向远洋，远海编队作战的要求和规模将越来越大，因此必须要有具备编队指挥能力的指挥舰来担负作战指挥的任务，而当时国内也只有"深圳"舰具备这个能力。

通过大量卫星通信、数据链系统的装备以及高速计算机的支持，"深圳"舰具备了更为强大的信息获取和处理能力，可以实现舰舰、舰空、岸舰甚至舰潜之间战术／战役级别的指挥能力，担负水面打击（作战）编队指挥舰的重任，可以指挥数个水面、水下战术作战队伍甚至空中作战力量实施立体打击作战，而这也是现代高性能驱逐舰以及蓝水海军所必须要具备的能力。

"深圳"舰可以说是中国海军在各方面都十分艰难的情况下利用国内技术力量发展的一种带有某种实验性

质的装备，是在世界驱逐舰发展隐形化、大型化的趋势下，在技术储备不足的情况下大吨位驱逐舰发展的一次有益尝试。而且，由于平台吨位和内部空间的增加，未来新一代舰载武器和雷达系统出现后也可以很好地对其进行升级、改进，为未来新一代驱逐舰的发展打下基础。

在"深圳"舰1999年交付南海舰队服役后，中国国产第三代驱逐舰的相关技术和武器的研制实现了全面突破，新一代052B、052C型驱逐舰的研制也逐步完成，并且开工建造。新型驱逐舰被赋予了海上区域防空的重任，无论是雷达电子设备的技术水平还是舰载武器的作战能力都已经不是"深圳"舰可以比肩的。虽然新型驱逐舰在技术可靠性和成熟性方面还存在一些问题，影响了形成作战能力的时间，但毕竟高性能驱逐舰所带来的作战效能提升是一个质的变化。其作为避免中国海军在进入21世纪后没有大吨位驱逐舰可用的一个"过渡"或者说是"实验平台"，历史使命已经完成。因此，首舰建造完成后便没有了后续舰的建造计划，"深圳"舰遂成为中国海军唯一一型只建造了1艘并单独占据一个型号的驱逐舰。也正是由于其较为独特的地位以及特点，"深圳"舰被赋予了"神州第一舰"的美誉。更重要的是，在"深圳"舰服役后的很长一段时期内，它是中国海军为数极少的具备可靠的远洋航行能力的驱逐舰之一（实际上，除了"深圳"舰外，当时只有2艘052型驱逐舰因动力装置的可靠性较高并且平台性能较好而具备这个能力，其他像051型驱逐舰和053型护卫舰都因自身性能以及可靠性方面的问题难以担负远洋作战、训练的任务），因此在052C型驱逐舰和054A型护卫舰批量入役之前，"深圳"舰也是中国海军海外出访的主力舰之一，为中国海军积累远洋航行经验发挥了重要作用。可以说，自167"深圳"舰后，中国海军的导弹驱逐舰051C、052B、052C、052D乃至还处于建造阶段的国产大型导弹驱逐舰及相关舰载装备都是它"开枝散叶"后的"成果"。

2004 年期间，"深圳"舰进行过一次有限的现代化改装，换装了诸如新型100毫米隐形舰炮等

正在船厂接受现代化改装的"深圳"舰

装备。2014年，"深圳"舰进行中期维修和现代化改造，加装和054A护卫舰同型号的导弹垂直发射系统，直升机库上方的4座76A式双联装37毫米副炮被30毫米口径近防炮取代。

推测此次改装目的在于着重提升其编队指挥和区域防空能力，改善其近距防空反导能力，同时兼顾执行水面反舰以及使用舰载航空兵执行反潜作战。结合目前南海的战略压力来看，改装后的"深圳"舰可为巡逻的执法公务船或早期型号的驱护舰提供200—300千米空中和水面情报，又可利用装载的"海红旗"-16防空导弹撑

接近改装完成的167号"深圳"舰

起40千米空中保护伞。并且，一旦南海周边国家或域外国家强行改变南海现状而挑起事端，"深圳"舰也可利用其强大火力制止事态进一步升级。更为关键的是，基于"深圳"舰强大的编队指挥能力，可以使南海舰队12艘老式051型驱逐舰和053型护卫舰发挥余热，更能为056轻型护卫舰提供40千米的空中安全网，共同组成以"深圳"舰为指挥舰的海上编队，以较低的使用成本保持南海海上军事力量的存在。

4.5 区域防空的探索——052B型导弹驱逐舰

在051B型"深圳号"导弹驱逐舰服役4个月后，作为"九五"与"十五"国家重点工程之一，两艘编号分别为168与169的052B新型导弹驱逐舰在上海江南造船厂动工建造。并且分别于2002年5月和2003年1月下水，2004年7月15日，052B首舰"广州号"加入海军服役，二号舰"武汉号"也于同年年底入役，两舰均配属于南海舰队，以增强南海方向上的军事力量。

052B型舰是中国海军从多方面考虑设计的隐身的大型水面舰艇，采取了包括降低雷达截面积、红外信号、舰体噪声和磁信号等隐身手段，具体措施包括主机安装于密封箱以及双层弹性减震基座上、舰底加装气泡幕降噪系统、采用大侧倾五叶低噪声螺旋桨、舰艏声呐敷设消音瓦、舰体装设消磁线圈和降温洒水系统、与051B型使用相同的隐身涂料等。尤其是052B型舰的上层结构拥有倾斜表面，和船舷融合为一，舰型优美简洁。052B舰体长约160米，宽度则超过19米，长宽比降至8.4，满载排水量5850吨，已经接近西方标准，这意味着其具有良好的稳定性、适航性和耐波力。

在至关重要的动力系统选择上，采用了燃气涡轮发动机和柴油机复合

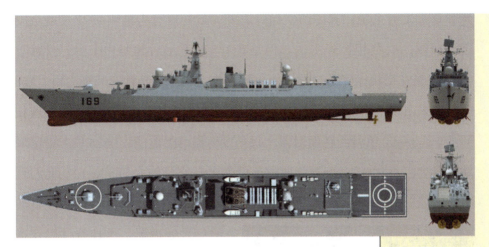

052B型导弹
驱逐舰四面图

动力推进系统。燃气涡轮发动机选用的是1996年从乌克兰引进的GT-25000燃气涡轮发动机，而柴油机则是德国MTU-20 V956 TB92柴油机的国产仿制型号。052B型导弹驱逐舰的电力系统由德国授权生产的MTU 396柴油发电机提供电力。从舰上布置的烟囱数量推测，052B型导弹驱逐舰仅设置了一个动力舱室，这种设计有节省空间、增加甲板面积、简化机械结构和管理方便的优点。

起初，大众对这两艘新型驱逐舰寄予了比较高的期望，普遍认为这种052B型舰将在新一代海军中充当远洋舰队骨干的重要角色，将是051B型导弹驱逐舰的改良型号，使用燃气涡轮动力，在造舰技术与系统研发流程上更加完善，抗战损及核生化环境下运作能力更加出色，拥有更优秀的隐身技术，等等。

至于防空导弹的选择，更是一开始就众说纷纭，其具体型号引来了诸多设想，例如能够垂直发射的"海红旗"-7防空导弹或者新开发的"红旗"-9和"凯山"-1等区域防空导弹。不少人相当肯定052B会安装开发中的导弹垂直发射系统，除了防空导弹之外，最初也有人推测052B型舰会安装新研制的舰载相控阵雷达。但是在168舰下水后的照片来看，排除了052B型舰安装相控阵雷达的可能。等到舰上各系统陆续安装妥当后，168舰上也未出现垂直发射系统，而是安装了与俄制"现代"级导弹驱逐舰相同的2具3S-90单臂旋转发射器，每具发射器的弹舱能容纳24枚中程区域防空导弹。不过052B型导弹驱逐舰使用的防空导弹是SA-N-12（北约代号"灰熊"，俄罗斯编号则为9M317），是SA-N-7的改良型，使用改良后的信号处理器、火控软件以及增程发动机，使其具有优异的抗干扰能力，并且采用中段无线电制导加上末端半主动雷达照射制导模式，射程达到3.5—45千米，能够拦截掠海飞行的反舰导弹。

3S-90单臂发射器及SA-N-12舰空导弹

为防空导弹提供制导信号的是4部MR-90雷达，每部雷达能以分时照射的方式同时导引2枚SA-N-12防空导弹。雷达安装方式为舰桥上方左右侧以及机库上方左右侧各1具，安装位置都不算很高，舰桥上方2具的照射范围还没有受到太多阻挡，不过后方的2具的照射视界则会被3S-90导弹发射器阻挡。主桅杆顶端则加装1具俄制M2EM"顶板"3D对空搜索雷达，其最大对空搜索距离达300千米，能在220千米外侦测到雷达截面积2平方米的目标，对反舰导弹侦测距离达35千米，能同时搜索100个目标，并对其中25个目标进行火控等级的精确追踪。为了强化短距离低空目标搜索能力，弥补"顶板"雷达波长较长、分辨率较差的弱点，052B型舰还设有1具364型X波段对空、对海搜索雷达，其天线位于二号桅杆顶端的球状保护罩内，用于搜索中低空目标以及海面目标，最大使用距离约150千米。

此外，052B型舰的上层结构及桅杆陆续增加了包括984-1型电子反制系统、928型电子支持系统等在内的许多球状电子战系统或卫星通信天线。整体而言，052B型舰舰上MR-90防空雷达的安装位置虽略优于"现代"级，但基本上仍沿袭了俄制舰艇"见缝插针"的安装方式。3S-90发射器在外观上也显得比较突兀，再加上许多其他装备，使得052B型舰的舰面充满杂物，隐身性能受到一定的影响。

舰炮方面，052B型舰的舰艏安装1座中国仿自法国DCN 100毫米自动舰炮的87式100毫米舰炮，并由主桅杆前方平台上的344A火控雷达负责引导。中国在20世纪80年代后从法国引进克鲁索·卢瓦尔生产的100毫米55倍口径紧凑型舰炮，并交由713所进行仿制，仿制型号为H/PJ-87，简称87式。87式100毫米自动舰炮具有重量轻、射速快、精确度高等优点，并具有一定的反导能力。87式舰炮采用隐身造型，炮管采用水冷系统，最

052B型舰艇安装的87式100毫米舰炮

大射速达 90 发/分，较 79A 的每管 25—30 发/分提高 2 倍以上，火炮适用高爆穿甲弹以及空炸破片弹，最大对海距离 17.5 千米，对空距离 6 千米，下甲板主/副弹舱备弹 240 发。

被称为"中国守门员"的 730 型近程防空火炮系统则在 052B 型舰上首度亮相，令人耳目一新。其最大射速约 4600 发/分，对反舰导弹有效射程约 2.5 千米。其搜索追踪系统包括 1 具我国自行研制的 347C 型 I/K 频多普勒搜索追踪雷达以及 OFD-3 光电追踪仪。前者能在 10 千米左右发现反舰导弹大小的低飞目标；后者 OFD-3 整合有红外热成像仪、电视摄影机与激光测距仪，对飞机探测距离达 25 千米，对反舰导弹侦测距离为 8 千米。730 型近程防空武器系统是我国第一种与西方结构类似的自制防空系统，从侦测、计算到开火都由炮塔自动完成，超越了先前舰艇装备的以舰载火控雷达制导的 76A 双联装 37 毫米防空火炮，同时能省下更多空间，对于整体布局与隐身性都有好处。

安装在舰桥上方的"音乐台"目标指示雷达

在反舰导弹方面，和 051B 型导弹驱逐舰一样，052B 型舰在舰体中段加装了 16 具反舰导弹发射器，其内装载的是由我国自行设计制造的鹰击-83 反舰导弹，在舰桥顶上加装了

1具俄制"音乐台"目标指示雷达进行目标辨认和引导攻击，该型指示雷达具有全球首创的大气波导超视距技术，在特定气候条件能利用电磁波在大气中的反射特性侦测到水平线以下的目标。

在反潜探测系统的选用上，052B型舰选择了与"现代"级同型的MGK-335MS-E声呐系统，它以MG-335EM-03为基础，根据中国海军的需要加以改良，具有主被动搜索能力以及目标自动追踪、目标辨识、鱼雷警告、低/高频（LF/HF）水下声力加密通信、测距、敌我识别等能力。其扫描范围为260度，对潜侦测距离约10—12千米，对鱼雷侦测距离约2千米，有效测距距离为30千米，水下加密通信距离为20千米。

反潜武器则沿用与051B型相同的三联装鱼雷发射器，安装位置改为舰艉两侧的船舷开口内，平时鱼雷发射舱口舱门封闭，以降低雷达截面积，发射时才开启。此外舰炮前方还有2具十二联装240毫米反潜火箭发射器，配置方式与之前的驱逐舰相同。此种反潜火箭发射器为典型俄系装备，使用ED-21火箭投射深水炸弹，弹头重90千克，最大射程4千米，可攻击深度300米的目标，每具发射器下方设有容量达18发的弹舱。由于舰舷挡浪板的遮蔽，平时不易从舰舷侧面察觉这2具反潜火箭发射器。

海军舰载航空兵部队的俄制卡-28C直升机

052B型舰的反潜直升机使用的是俄制卡-28C直升机，最大载重量约5吨，机腹设有一个弹舱，能挂载两枚鱼雷或深水炸弹，最大作战半径200千米，留空时间4.5小时，编制3名空勤机员，机首下方设有1部探测距离达200千米的对海搜索雷达，能在30千米外发现如潜艇通气管大小的目标，机上并配备磁性探测器以及16—24具声呐浮标，能将声呐浮标获得的信息以数字数据链传回母舰。

战斗系统方面，052B型舰使用与051B型舰相同的ZJK-7分散作战系统，由于052B型舰拥有更强的防空装备，因此更能发挥此系统的潜力。由于052B型舰的主要对空对海侦测、反潜侦测、防空导弹系统与数据链都与俄制"现代"级相同。因此，服役一段时间后被大众亲切的称为"中华现代级"。

从其整体性能上来看，052B型舰只是一种过渡性舰艇，主要建造目的是为了验证国外引进技术装备国产化后的性能，包括从乌克兰进口的燃气轮机，俄罗斯的防空导弹系统和相关的雷达电子装备等。不过，放在中国海军导弹驱逐舰发展轨迹来看，052B型导弹驱逐舰是中国自制的第一种具备区域防空能力的大型水面舰艇，本身就是个不小的进步。近年来新舰推出的频率大幅提高，意味着中国海军透过实验摸索以追赶世界先进水平阶段已经完成，接下来就是成熟稳定的舰艇量产、全面更新三大舰队的阵容，然后形成全新的远洋力量。

4.6 圆梦的"中华神盾"——052C型导弹驱逐舰

2005年，对中国海军以及中国驱逐舰的发展是具有划时代意义的一年，一艘技术、功能与美国海军"伯克"级导弹驱逐舰类似的、被国外称为"中华神盾"的052C型导弹驱逐舰交付中国海军南海舰队。这型驱逐舰之所以如此吸引眼球，是因为舰上装备了远洋作战必不可少的相控阵雷达系统和具备垂直发射能力的远程区域防空导弹系统。

进入21世纪，中国海上力量便确定了以远海防御为战略目标，中国海军的海上防御范围向外延伸到1000千米左右。而在当时，中国海军海空联合作战能力由于被岸基航空兵作战飞机作战半径限制而受到很大的影响，水面舰艇编队自身的海上防空能力又十分薄弱。解决这个问题只能从两个方面着手，一是提高舰队的整体防空水平，建立完善的海上区域防空体系；二是组建航母作战编队，以航母舰载机作为对空防御的主体，两者可以相辅相成、互相促进。就技术和时间上看，前者难度较低，见效较快，同时也是组建航母编队的基础，显然，052C型驱逐舰就是在这个大前提下出现的。2003年4月29日，052C首舰"兰州号"在汽笛声中从船台滑入长江中，2005年10月18日，"兰州号"正式加入南海舰队服役。

航行中的052C型
首舰170号"兰州"舰

缺乏远海区域防空能力及强大的综合对空探测能力是中国海军长期存在的问题，虽然在20世纪90年代中期通过技术引进及武器国产化，初步完成了作战舰艇中、近程防空体系的组建（国产"海红旗"-7近程舰空导弹和引

052型导弹驱逐舰舰艉的"海红旗"-9舰空导弹垂直发射装置

进"现代"级导弹驱逐舰上的"施基利"中程舰空导弹），中国海军的一线驱逐舰和护卫舰也基本上实现了舰艇防空"导弹化"，但远程区域防空方面仍然处于空白，这样的海上防空体系对于21世纪的海空威胁来说仍然是非常脆弱的。作为"一个平台、两种用途"的第一型驱逐舰，052C型舰是在052B型舰的基础上发展而来的，两者共用一个平台，但在功能性和用途上显然更倾向于技术上的突破，特别是舰上装备的国产有源相控阵雷达、远程舰空导弹、舰空导弹垂直发射装置以及强大的计算机数据处理系统等，都是国外对中国实施严密技术封锁的领域，而中国通过自己的努力完成了这些方面的突破，再次向世界证明了中国有能力依靠自己的力量突破世界顶尖军事技术及武器的研制，不会再因此受制于人。

052C型导弹驱逐舰最主要的使命就是在远洋作战编队中担负远程区域防空的重任，相应的武器和雷达设计也正是围绕着这方面展开的。舰上首次装备了中国研制的新一代"海红旗"-9远程舰空导弹，而且为了提高发射速度，导弹采用了垂直发射方式，全舰共布置了8组6单元发射装置，其中舰艏6组，舰艉2组。由于"海红旗"-9的外形尺寸和重量要略小于引进的48N6E舰空导弹，因此其垂直发射装置的体积和重量也要明显小于俄制的8单元1组的48N6E舰空导弹垂直发射装置，舰艇的适装性也更好一些。

"海红旗"-9导弹采用了贮存、运输、发射三合一的圆形发射筒，发射筒内装有燃气弹射装置，导弹采用冷发射方式。与俄制系统最大的不同在于有自己独立的发射舱口，内部虽然也设计有导弹旋转机构，但主要用于导弹的装填，可靠性及可维护性能更好，而且导弹的发射速度和反应时间也不会受到旋转机构的限制，基本上达到了美国MK41垂直发射装置每秒1发的水平。舰桥前边以及直升机库顶部各安装1门7管30毫米近程防御武器系统，负责拦截突破至近距离的水面和空中目标。

"海红旗"-9舰空导弹的技术性能总体上达到了美国"标准"-2MR的水平，该型舰空导弹弹体长6.8米，弹径0.47米，弹重1.3吨，战斗部重180千克；对飞机目标的最大射程120—150千米，最小射程约20千米；对导弹目标的最大射程25千米，最小射程5—7千米，最大射高25000—30000米，最小射高约20米，最大飞行速度4.2马赫。对各型航空飞行器以及反舰导弹目标都具有较好的打击和拦截效果，与目前中国海军驱护舰上装备的"海红旗"-7、

垂直冷发射的
"海红旗"-9舰空导弹

"海红旗"-16两种近、中程舰空导弹可以共同构成一套严密的多层对空防御体系，中国海军远洋对空防御问题就此得到了比较彻底的解决。

与"海红旗"-9共同构成完整对空防御系统的另一重要"核心"部分就是被称为现代防空驱逐舰"眼睛"与"灵魂"的相控阵雷达系统。这种高性能舰载雷达最早就出现在"毕昇号"试验舰上，公开型号为346型有源相控阵雷达。052C型舰对该雷达装备的使用说明其技术性能已经满足现阶段以及未来一段时期内高强度远海域防空作战的要求，也使中国在高性能舰载雷达领域进入了世界第一梯队，打破了国外长期的技术垄断。

从外形上看，346型相控阵雷达与美国的AN/SPY-1B型雷达非常相似，但天线尺寸更大，因此发射机的数量更多，雷达的发射功率也将更大，探测距离可达400千米，是目前世界上探测距离最大的舰载相控阵雷达之一。在高速计算机和大容量处理系统的支持下，346型相控阵雷达可以全方位同时搜索数百个海空目标，并对其中的数十个进行跟踪，同时可对目标进行威胁判定，控制、引导舰载对空、对海武器进行拦截。

由于346雷达天线尺寸和重量较大，因此就布置在052C型宽大的舰桥上，4块天线阵面提供了全方位的覆盖能力。同时，346型雷达也是世界第一种投入使用的大型有源相控阵雷达，技术上与无源相控阵雷达相比存在着先天的优势，诸如有源相控阵雷达的发射机直接分布在阵面上，因此发射馈线损耗小，和无源相控阵雷达相比减少四分之一以上，使探测距离明显增大。有源相控阵雷达天线阵面上的每一个单元都相当于一部小发射机，只有当20%以上的收发组件失效后才会影响雷达性能，当仅有10%组件失效时，雷达的作用距离仅减少3%左右，影响甚小。而无源相控阵雷达采用一部集中式发射机，当发射机出现故障时，会导致整部雷达不能工作，因此有源相控阵雷达的任务可靠性有更大提高。同时有源相控阵雷达可发出灵活易变的大占比发射波形，脉冲功率大大降低，从而不易被敌方侦察截获，具有良好的低截获率。采用大量砷化镓微波集成电路，可明显减小雷达的体积、重量以及研制、生产成本，更有利于各种舰艇的使用，并且也有利于采用先进的数字波束形成技术，实现天线波束自适应控制，抗干扰能力更强。

052C型导弹驱逐舰舰桥上安装的346型有源相控阵雷达

052C型导弹驱逐舰配备的反舰导弹是"鹰击"-62型高亚音速反舰导弹，是"鹰击"-6系列大型空射反舰导弹的舰射型。该弹全长7米，弹径0.54米，发射重量1.3吨，采用固态加力火箭和巡航涡轮发动机，飞行速度0.9马赫，战斗部重300千克，射程280—300千米，中段飞行高度30米，在捕获目标后的末端飞行高度下降到7—10米，直至命中目标。导弹的导引系统为中段惯性制导+终端主动雷达制导，其中弹载终端主动雷达的最大探测距离可以达到40千米。

鹰击-62型高亚音速大型远程反舰导弹

052C型舰的两组324毫米三联装鱼雷发射器与052B型舰相同，也安装于舰艉两侧的船舷开口内，平时以舱门遮蔽。考虑052C型舰以防空任务为主，因此没有在舰炮前方加装87式六联装反潜火箭

发射器。而声呐配置则与052B型舰相同，舰艇设有1具主/被动声呐。052C型舰的机库设计方案与052B型舰一样，只设置1个机库。并且由于机库右侧的容积用于安装"海红旗"-9舰空导弹垂直发射系统，使得机库位于舰体偏左，而反潜直升机选用俄制卡-28直升机，直升机辅降系统也与之前的052B型舰相同。

此前很长一段时间内，中国在大功率舰用动力装置的研制方面一直比较落后，长期缺乏先进的动力装置以满足新一代驱、护舰的设计和建造，直到20世纪90年代中期从乌克兰引进技术比较先进的GT25000燃气轮机后才有所缓解。而052C型导弹驱逐舰采用的是技术相对先进的柴燃交替动力，由2台GT25000燃气轮机和2台国产柴油机组成。不过052C型导弹驱逐舰的这套动力装置仅仅是刚刚够用而已，其最高航速也只能达到29节，并且为了保证航速的要求，舰体平台的长宽比仍较大，满载排水量只有7000吨不到，这也直接影响到了"海红旗"-9舰空导弹的安装数量。

不过，052C型驱逐舰作为中国海军填补远程区域防空空白的标志性装备，对中国现代驱逐舰的发展来说是迈出了最为艰难的一步。相对于此前中国设计、建造的驱逐舰，052C型舰在大幅度提高整体技术水平和防空能力的同时，在反潜、反舰、区域防空、末端反导及电子战能力方面也得到了提高和升级，作战能力更为均衡，在较短的时间内实现了历史性的跨越，使中国海军在舰队防空能力方面极大地缩短了与世界先进水平之间的差距。052C型驱逐舰的技术水平和武器配置完全可以被看作是一种多用途驱逐舰而非专用的防空舰，这一点与美国海军装备的"伯克"级驱逐舰非常类似。这种发展模式既符合世界驱逐舰的潮流，也是未来世界驱逐舰的发展方向。052C型驱逐舰的出现，表明中国整体军事研制能力有了突破性的进展，同时也预示着中国海军的作战能力，特别是远海区域防空能力达到了一个全新的高度，中国海军已成为世界上为数不多的几个依靠自己的技术力量进入"相控阵雷达"俱乐部的国家之一，中国海军进入远洋的步伐由此迈出了坚实的一步。

最早的2艘052C型导弹驱逐舰（170号"兰州"舰，171号"海口"舰）均于2005年加入南海舰队服役。随着各项测试的完成及其作战效能到达稳定状态，从2010年起第二批次4艘舰（150号"长春"舰，151号"郑州"舰，152号"济南"舰，153号"西安"舰）开始建造并下水，至2015年2月9日全部服役于东海舰队。

4.7 技术备份的051C型导弹驱逐舰

进入21世纪后，中国海军第三代驱逐舰的研制也进入了快速发展阶段。首批2艘用于中程区域防空的052B型导弹驱逐舰以及2艘用于远程舰队防空的052C型导弹驱逐舰先后开工建造，但是根据建造周期来看，它们至少需要四五年的时间才能建造完成并交付。与此同时，由于第三代驱逐舰应用的新技术和新武器比例太大（特别是052C型导弹驱逐舰），所以各类雷达、电子设备、武器、平台都需要磨合。虽然前期已经进行了大量的陆上及海上试验，验证了各系统的技术性能和可靠性，但这与实际应用可能遇到的众多问题还是有非常大的区别。诸如一些电子兼

已经下水进行舾装的052C型导弹驱逐舰

容，舰载防空导弹垂直发射系统与主动相控阵雷达适配等问题只能在全系统状态下的实际使用中才能被发现，其最终形成作战能力的时间可能会很长，而实际上，后来2艘052C型驱逐舰服役后也确实出现了不少问题，使作战能力的形成时间至少推后了2—3年。因此，中国海军可能在较长一段时期内仍无法获得有效、可靠的远程舰队防空能力，其发展以及建设远洋海军的战略目标都将会受到极大影响。为了避免这种情况的发生，中国海军采取了一个相对稳定，并且略微保守的备份方案，那就是在当时中国海军吨位最大的051B型导弹驱逐舰"深圳"舰的舰体基础上加装从俄罗斯引进的"里夫"M远程舰空导弹系统和相应的雷达以及电子设备等，以获得与052C型驱逐舰功能类似的防空驱逐舰。该型舰也是中国采用蒸汽轮机为推进动力的导弹驱逐舰中最后一个型号，或者可以称其为051型的终极版本，编号为051C型导弹驱逐舰。

　　"里夫"M远程舰空导弹系统是该型舰最核心的武器系统，其采用了独特的转轮式垂直发射装置，一个发射模块内有8枚48N6E型舰空导弹。该型舰空导弹最大射程约150千米，最小射程5千米，最大射高为27000米，最小射高只有10米，最大飞行速度约4.47马赫，最大拦截速度约6.415

舰艉的"里夫"M远程舰空导弹垂直发射系统及30N6E1型相控阵雷达

马赫，导弹的战斗部重量为144千克，可散布20000个4克重的破片。不过，导弹需要从一个独立的发射舱口发射，通过内部的旋转机构旋转导弹发射筒，依次将待发导弹对准发射舱。它不像美国MK41垂直发射装置那样每个发射单元均有独立的发射舱口，各导弹发射时相互不受干扰。虽然后来苏联设计师改变了垂直发射装置的设计，用旋转发射舱口的方式取代了原来较为笨重的旋转发射筒的方式，提高了发射装置的反应时间以及整个发射装置的可靠性，降低了发射装置结构的复杂程度，但整套发射装置的体积、重量仍然十分庞大，对使用平台的性能要求高。据资料显示，一套标准的8座八单元"里夫"M舰空导弹垂直发射装置需要平台提供一个长11米、宽8米、高7米的巨大空间。因此，即使在苏联海军中，也只有1.2万吨的"光荣"级导弹巡洋舰、2.5万吨的"基洛夫"级核动力导弹巡洋舰以及8000多吨的"卡拉"级导弹巡洋舰装备有"里夫"及其改进型"里夫"M型垂直发射系统。对满载排水量还不到7000吨的"深圳"舰来说，完全满足安装要求还是存在较大困难的。但是，中国海军采取了一个折中的方案解决了这个装舰适应性的问题，那就是减少发射单元装备数量及简化某些作战功能。

2002年4月，中国与俄罗斯签约购入2套俄罗斯"里夫"M舰载区域防空导弹系统。舷号115的首舰则在2004年12月18日下水。隔年，第二艘051C型导弹驱逐舰同时在大连红旗厂建

垂直发射的48N6E型舰空导弹

造。2艘051C都配属于北海舰队，首舰被命名为"沈阳号"（舷号115），在2006年中投入现役。第二艘051C型则在2005年7月26日下水，命名为"石家庄号"（舷号116）。

由于051C型舰的安装空间有限，最终只能在舰桥前的平台，也就是原先在"深圳"舰安装"海响尾蛇"防空导弹发射装置和下埋式的再装填装置的部位，以及舰尾部原直升机机库的位置分开设置6座八单元"里夫"M型垂直发射装置，发射单元数量由标准的64个减少到48个，但仍然与052C型驱逐舰上的数量相同，因此也可以说基本保证了舰队远程区域防空任务。不过，由于受到平台的限制，舰上所配备的雷达设备也较俄罗斯海军的标准配置有所简化，1部MP-710型中程对空雷达和1部30N6E1型相控阵搜索、制导雷达（使用单面可转式天线），最大搜索距离达300千米，最多能同时制导12枚导弹攻击6个不同目标，最大射速约为每3秒钟1发，在五级海况以内都能有效发射，并可稳定地追踪战术弹道导弹。不过，051C型舰仍然以损失反潜能力和直升机搭载能力为代价，对其整体反潜作战和超视距反舰作战造成了一定的影响。

051C型舰的舰艏安装有1门87式100毫米55倍径单管舰炮，舰桥后方两侧甲板各装了2座726-4型18联装干扰弹发射器，二号桅杆两侧各加装1座730型30毫米近防系统来替换"深圳号"的四座76A型37毫米防空炮，因此原本"深

航行中的115号"沈阳"舰，舰艉部的30N6E1型相控阵已折叠放倒

圳号"机库边缘76A型炮位的半圆形结构都被取消。由于730型的火控雷达整合于炮塔上,051C型舰不在其他位置安装火控雷达。与051B型舰相同的是,051C型导弹驱逐舰的烟囱后方设有2组四联装"鹰击"-83反舰导弹发射器。由于沿用051B型舰的舰体设计,051C型舰的2组7424型三联装324毫米鱼雷发射器直接设置于两舷甲板上,而没有采用052B/C型驱逐舰的隐藏式设计。

虽然存在着种种限制及不足,但毕竟在051B型导弹驱逐舰基础上发展的051C型驱逐舰满足了中国海军对远程舰队防空作战的需求,这从另一个侧面证明了051B型"深圳"舰平台的设计是成功的,拥有十分可观的改装、发展潜力。实际上,除了051C型驱逐舰,052C型驱逐舰平台上也可以看到051B型舰平台的一些特点和影子,例如两者的设计和基本线型都有很大的延续性,甚至内部机组的配置结构都是类似的(主要区别是前者是体积、重量庞大的蒸汽轮机,而后者是更为精密、高效的燃气轮机和柴油机)。从这一点上称051B型导弹驱逐舰是中国海军大型驱逐舰的鼻祖并不为过。

也正是由于所选平台和武器系统都属于技术比较成熟的产品,各类风险已经被压缩到最低。所以051C型驱逐舰的建造时间虽然比052C型晚了近3年,但在2006年和2007年交付使用后,仅仅用了1年时间,2艘舰就形成了作战能力。而此时,已经交付近3年的2艘052C型驱逐舰仍然在解决着出现的各种技术问题,作战能力只能达到设计要求的60%,一直到2009年,052C型驱逐舰存在的问题才得以彻底解决。从第一艘052C型舰下水到最后一艘入役,总共耗时13年时间。因此,在21世纪前10年间,中国海军真正可以担负起有效远程舰队防空任务的驱逐舰实际上只有2艘051C型驱逐舰。虽然051C型舰在技术的先进性方面与052C型舰存在很大的差距,但它们的出现为052C型驱逐舰的技术发展和完善争取了时间,避免了中国海军在远程舰队防空能力方面出现难以接受的"空白期"。当然，随着国内相关技术的发展，051C型驱逐舰同样不仅仅限于在防空系统方面的突破，像近防能力（装备了2座全新的730近防炮）、电子战能力（装备了最新的全频段电子侦察与干扰系统）、舰载作战指挥系统等方面都达到了第三代驱逐舰的水平，可以很好地实现与新型驱护舰以及作战指挥系统进行联合作战，不会由于其独特的"身份"而在中国海军新一代驱逐舰序列中显得过于"另类"和"特别"。

2013年7月，051C型导弹驱逐舰"沈阳"舰和"石家庄"舰、052B型"武汉"舰、051C型"兰州"舰、054A型护卫舰"盐城"舰和"烟台"舰、综合补给舰"洪泽湖"舰以及3架新型舰载直升机和1个特战分队远赴俄罗斯日本海彼得大帝湾附近海空域参加"海上联合-2013"中俄海上联合军事演习。而在之前的2010年3月中旬至4月上旬，一支由中国东海与北海舰队混编成的大型编队（包括"沈阳"舰、2艘"现代"级驱逐舰、3艘053H2G"江卫"级护卫舰、1艘"福清"级补给舰、1艘潜艇救援舰与2艘"基洛"级潜艇）实施大规模跨区远航训练，并于4月10日通过宫古海峡，这是中国第一次有大规模的海军编队通过该海峡，更是中国潜艇第一次以浮航方式通过宫古海峡。随后舰队继续向南航行，经巴士海峡抵达马六甲海峡

并排停靠在码头上的115号和116号

以东海域，并在南沙群岛周边海域轮值巡礁，并在西沙群岛海域进行军事演练，来回航程达6000海里，充分地验证了该型舰的远洋航行能力和其他型号舰艇的协同作战能力。

正是有了2艘051C型驱逐舰，中国海军不仅能有足够的时间去完善052C型驱逐舰，也拥有了现阶段第二批052C型舰以及后续技术更先进的052D型驱逐舰的批量建造。更为重要的是2艘051C型舰的入役，使得北海舰队有了能够满足其迫切需要的，用于在渤海及黄海海域延伸首都防空圈的纵深，以弥补陆基S-300防空阵地在海上的薄弱衔接环节，为北京和环渤海湾一带的重要工业城市提供了近300千米的防空纵深。如今，舰队远程防空对于中国海军来说已经不再是什么大问题，最终将会有超过20艘052C/D型驱逐舰服役，并且新型万吨大驱不久也将入役。可以说，在防空驱逐舰方面，中国海军已经走进了世界第一集团的行列，设计能力和技术性能均已达到世界先进水平。

4.8 终极版的"中华神盾"——052D型导弹驱逐舰

052C型导弹驱逐舰从2005年9月开始交付，首批2艘的建造工作完成后是否还会出现后续舰就成为一个令人关注的问题。因为按照惯例来推算，若长期没有后续舰出现，说明该型只是一型过渡舰或者是适应舰，应急和试验大于实际应用。如果在一定时间内继续建造后续舰，说明该型舰性能达到了要求，中国海军会将其作为一线主力舰艇。随着中国航母计划的稳步实施，像052C型舰这样具备强大防空能力的舰艇是必不可少的。

在经过多年的等待后，052C型舰的后续舰于2009年在江南造船厂开工建造，而且建造数量多达4艘，这一数量显然是批量建造的一个信号。

根据以往新一代驱、护舰的建造惯例看，如果一型舰同时建造数量达到4艘，就是其已经获得批量建造的标志。

不过，惊喜并没有因为052C型舰后续舰的出现而终止。2012年的8月28日，一款新型导弹驱逐舰从上海江南造船厂位于长兴岛的造船基地滑入水中。从其后来公开的报道来看，新型导弹驱逐舰应该属于052C的改进型，武器系统、雷达系统以及部分舰体设计都有所改变。考虑到其与052C型之间有着密切的继承性，因此仍将其列入052系列，按排列序号称其为052D型。

刚下水时的052D型导弹驱逐舰首舰172号"昆明"舰

从外形上来看，052D型的舰体基本继承了052C型的线型设计，舰体仍采用了斜角舰艏、V形剖面及长艏楼设计，但进一步改进完善了上层建筑的设计和布局，整体隐身性能更强。舰长达到158米，舰宽达到18米，满载排水量超过7000吨，这样大的平台可在一定程度上改善052C型舰存在的重心过高、稳定性不足的问题，同时还增加了舰内可利用空间。052D型舰的直升机起降平台也有所增大，长度可达25米，052系列驱逐舰存在的直升机平台过小的问题自此得到了解决，而且还可以改善中型直升机的起降条件，提高安全性，这也意味着052D型舰为国产新型中型直升机上舰提供了可能。

在舰体布局方面，052D型舰的舰桥有所增高，可以满足安装新一代有源相控阵雷达并提高雷达的可视角度和范围。舰桥上的主桅杆也更为简化，采用了与054A型护卫舰相似的整体式桅杆，后桅杆向舰艉方向前移，可以减少发动机的排烟及废气对后部舰体及设备的影响。虽然052D型导弹驱逐舰在平台的设计和布局上没有脱胎换骨的变化，但在一定程度上改善了052C型舰空间不足的问题，为新一代舰载武器和电子设备的安装、使用提供了一个更为充足的空间和稳定的平台。

052D型舰动力装置仍然沿用了非常成熟的柴燃交替动力，柴油发动机应该与052C型舰所使用的是同一型号。在燃气轮机方面，采用的是乌克兰GT25000燃气轮机的国产化型号QC-280，有消息称，2003年，首台试生产型QC-280被安装在052B型驱逐舰的2号舰上进行测试使用，经过近5年多的使用，特别是在多次执行亚丁湾护航任务中近千小时的高强度使用后，QC-280的各项性能和技术指标都十分稳定可靠，整体性能已经超过了引进的GT25000燃气轮机。

对于052D型舰来说，输出功率的增加（2台QC-280燃气轮机的最大功率可达66000马力），为舰体尺寸和吨位的增加创造了条件，在满载排水量增加到近7000吨的情况下，航行性能和机动性不会下降，完全能满足所需要的技战术要求。

在电子设备方面，052D型舰虽然大量保留了与052C型舰相同的雷达和电子设备，诸如对海雷达、导航雷达、远程警戒雷达、火控雷达、电子战系统、声呐等。但最显眼的电子设备改进无疑是安装在舰桥上的4块巨大的新型有源相控阵雷达。与052C型舰346型相控阵雷达相比，052D型舰的346A型相控阵雷达有了不少新变化。

首先，雷达天线的尺寸进一步加大，由原来的长方形变成近似正方形，雷达面积增加了近15%，其对空最大探测距离可提高到500千米以上，这将赋予052D型舰极为强大的远程对空探测和监视能力。其次，346A型相控阵雷达取消了346型雷达上标志性的圆弧形雷达保护罩，根据公开资料，这种圆弧形雷达罩除了用于保证雷达阵面免受外部损伤外，另一个重要作用就是为雷达阵源工作时产生的热量进行降温，通过专用的风冷装置为雷达提供一个良好的全封闭工作条件。而346A型相控阵雷达取消圆弧形雷达保护罩，说明其主动阵源的发热量有了很大下降，仅仅依靠自然风冷即可满足要求，无须再专门配备降温系统，从另一个侧面也反映出中国在固态T/R组件的制造水平和工艺上有了新的进步。

随着新型相控阵雷达性能的提高，舰上的雷达数据处理能力也会随之有进一步的增强，可同时处理的项目数量也会达到一个全新的水平，结合主动雷达制导系统制导的"海红旗"-9舰空导弹，346A型相控阵雷达可同时拦截目标的数量将会比052C型舰有大幅提升。从中国海军未来的各类海上威胁看，新型相控阵雷达可能还会具备一定的低轨道弹道导弹探测、跟踪能力，为建立中国海军的海基反导系统创造了条件。

与雷达和电子设备一样，052D型舰的武器系统也在继承的同时有了较大变化，尤其在导弹武器和垂直发射装置上更是如此。052C型舰装备的"海红旗"-9舰空导弹垂直发射装置在一定程度上借鉴了俄制"里夫"

左为052D型，右为052C型，可看出两者垂直发射系统和相控阵雷达的差别

M系统的设计，只是在内部结构上进行了一定的优化，但与美国的MK41相比仍然显得臃肿，同时还不具备多弹共架发射能力，加之052C型平台尺寸和吨位的限制，极大地影响了舰艇安装的适应性、导弹的携带数量以及执行多任务的能力。

052D型导弹驱逐舰安装的是一种全新的垂直发射装置，形式与布局和美制MK41垂直发射系统类似，以8个发射单元为一组，其中舰艏布置4组，舰艉直升机机库前布置4组，全舰共有64个发射单元，比052C型舰增加了25%。在舰体尺寸和吨位增加不大的情况下，这个比例还是很可观的。这套新发射装置带来的惊喜不仅仅在于导弹数量的增加，更重要的是它成为中国第一种全弹种兼容的共架垂直发射装置，既能搭载垂直发射的反舰导弹，也能搭载国产巡航导弹打击陆地纵深目标。这样对于提高中国海军舰艇的多用途作战能力和战略打击能力将会发挥极为重要的作用，052D型舰也一跃成为战略打击武器的发射平台。

052D型舰的舰艏安装了一种全新的大口径舰炮，结合近几年新一代大口径舰炮的研制传闻判断，这种新型舰炮就是中国新一代130毫米舰炮。相对于76毫米和100毫米舰炮，130毫米舰炮在口径、威力以及新一代制导弹药的使用等方面都具有压倒性的优势。大口径舰炮具备更远的射程（超过40千米）、更为灵活的弹道、更强的弹药通用性和更大的毁伤能力，其用途也由传

052D型导弹驱逐舰上安装的新型130毫米舰炮

统的对海、对岸等视距内打击扩展到超视距对海、对岸精确打击，甚至可部分取代反舰导弹实施中近程对海打击。

052C型舰的近程反导防御系统是由布置在舰桥前部的1座7管30毫米730近防系统和24联装FL-3000N舰空导弹组成，FL-3000N舰空导弹安装的位置就是原052C型舰舰艉部730近防系统的安装位置。这种弹炮混合配置方式目前只有韩国海军采用，两者配合使用时在有效射程内对来袭目标的拦截成功率几乎可以达到百分之百。由于FL-3000N的最大射程达到10千米，而且待发弹数量多，可以先期对多方向来袭目标进行多弹密集拦截，从而减轻了730近防系统的压力。052D型舰的综合反导能力也会比052C型舰有实质性的提高。

综上所述，052D型舰的平台并没有特别大的变化，但由于新型相控阵雷达和舰载武器的升级，052D型舰的综合作战能力实际上已经远远超过了052C型舰，特别是执行多任务的能力明显增强。如果说052C型舰的主要任务是海上区域防空，那么052D型舰则可灵活装备多种远、中、近程防空、反舰、反潜、对岸甚至反弹道导弹等，实际上已经是一种真正意义上的多用途驱逐舰。

不断建造下水的052D型导弹驱逐舰

虽然052D型驱逐舰的批量建造服役令人欣喜，但不可否认的是，052D型驱逐舰依然受到排水量和载弹量等诸多方面的限制。其实在052D型驱逐舰

上，不论是新型垂直发射系统也好，有源相控阵雷达也罢，这些新技术的运用都是在为日后即将生产的新型驱逐舰打基础。可以说，在不久的将来，以052D型舰所实践的新技术为基础的

055下水照

新型导弹驱逐舰必将映入人们眼帘，而052D型导弹驱逐舰作为承上启下的一代名舰也必将被人们所铭记。

曾几何时，像"伯克"级导弹驱逐舰这种装备有新一代相控阵雷达，可以同时胜任防空、反潜、反舰、对地攻击，海基反导等任务，并采用垂直发射装置的高性能驱逐舰对于中国海军来说似乎遥不可及。但在进入21世纪后，中国海军的一线主力驱逐舰开始了全面更新，在相关技术获得全面突破后，中国海军已经进入了装备结构调整和重组的新阶段。因此，我们完全有理由相信，2艘052型、1艘051B型、2艘052B型、2艘051C型、6艘052C型和7艘052D型导弹驱逐舰也仅仅是探路之作，装备有新型相控阵雷达和更多数量垂直发射系统的新型大型驱逐舰055型已于2017年6月28日下水，随后的惊喜将会接踵而来，让我们一起迎接中国海军新一轮大发展时期的到来。

4.9 开创国产先河的6601型火炮护卫舰

新中国成立后，为了加强海军战斗力，中国海军搜罗了不少旧杂式舰

艇，并对其进行了恢复战斗力的改装，但总的来说，效果有限。就当时的工业水平来说，自行研制中型水面舰艇存在较大的难题。那么唯一的选择就是向苏联引进成品舰艇了。

1953年6月4日，中、苏两国代表在莫斯科签订的《关于供应海军装备及在军舰制造方面对中国给予技术援助的协定》（简称《六四协定》）规定，在1954—1955年内苏联向中国提供包括50型护卫舰在内的六型舰艇的生产技术文件及全套设备（实际落实的是五型），向中国派遣150人以内的技术专家。其中50型护卫舰的中国代号为6601型，简称01型。该舰是苏联在"二战"结束后建造的第二代火炮护卫舰，设计代号50型，是29型"科拉"级火炮护卫舰的后续型号。1952年首舰下水，共建造68艘。该型舰不仅装备苏联海军，还作为军事援助，出口到多个苏联的友好国家。

50型护卫舰全长91米，标准排水量1160吨，满载排水量1416吨。主机为2座燃油锅炉、2台蒸汽轮机，双轴推进，总功率14700千瓦，最高航速28节。海上自持力10—14天。该舰的火力较为强大，共装有3门100毫米 B-34型单管舰炮、2座双联装37毫米舰炮、2座双联装25毫米高炮、4座深

50型护卫舰

弹发射器、1座三联装533毫米鱼雷发射装置，其中主炮和高炮均配有苏联第一代舰载火控雷达。

协定签字后，国内经过多次考察，并结合苏方专家委员会的建议，最终确定由沪东造船厂负责建造4艘01型护卫舰。

沪东造船厂建造的第一艘01型护卫舰于1955年4月15日开工，1956年4月28日下水，12月25日完成工厂试航，1957年5月30日完成国家试验，同年10月25日，由国防部长彭德怀批准了01型首舰的验收报告。01型护卫舰从首舰开工到1958年5月21日第四艘舰通过国家验收，共用时3年零2个月。

在01型引进之初，中方就注意到由于双方使用海域的不同和水兵生活习惯的差异，该型护卫舰上有不少不适应中国海军的地方。1955年，中方正式向苏方提出，要对01型护卫舰进行中国化改造。这些"中国化"的改进措施包括：在甲板上设置天幕装置、士兵舱增加换气风口、工作舱增加电风扇、厨房电灶改为油灶、配备炒菜锅、湿粮贮藏舱改为蔬菜存放舱等。事实上，当时从苏联引进的五型舰艇都进行了类似的"中国化"改造。

中国海军自行建造的这4艘01型护卫舰的综合作战技术性能是优异的，在反舰作战中，除了拥有3座单管100毫米舰炮和2座双联装37毫米舰炮以外，还拥有1座533毫米三联鱼雷发射装置，火力仅次于同时期引进的苏制07型驱逐舰。防空战斗时，尽管较07型驱逐舰少了2座双联装37毫米舰炮，但其配备的3门单管100毫米舰炮是高平两用型，拥有一定的中程防空能力，而07型驱逐舰上的130毫米舰炮则没有这样的能力。所以在编队作战时，07型驱逐舰需要01型护卫舰提供对空掩护。而设计于"二战"后的50型护卫舰在反潜领域明显优于设计于20世纪30年代中期的07型驱逐舰，50型护卫舰配有舰壳声呐、600型24管深弹发射炮、大

50型护卫舰上的
100毫米舰炮

型深弹炮、深弹滚架，拥有较强的搜潜和攻潜能力。

此外，中国引进的50型护卫舰是现代化改进型，配备了较为齐全的电子设备，拥有警戒雷达、M2型炮瞄雷达、50型稳定瞄准装置、导航雷达、敌我识别雷达和射击指挥仪，并装备有音响防雷自卫具。它是当时中国海军装备的电子设备最为齐全的主战舰艇。

01型护卫舰装备部队后，受到了部队的好评，但4艘实在是太少了，所以在1959年1月，沪东造船厂军代表就提出了在01型基础上进行修改设计，然后批量建造的建议，并提出了相应的设计任务书。海军则召集了各个舰队的首长及有关部门进行了会审，同意了该设计任务书。但最终还是于两个月后决定不再建造01型护卫舰。

这一决定虽然极为可惜，但从当时中国的整体工业实力来说，并不具备继续建造01型护卫舰的条件。首先，该舰配套的是TB9型蒸汽轮机，当时国内并没有安排相应的厂家进行仿制，改为柴油机也是不可能的，国内当时既没有大功率船用柴油机，也不具备对01型进行大改的设计能力。其次，01型护卫舰配套的电子设备国内当时也无法自产。1959年中苏双方的关系已经出现了一些问题，想从苏联继续购入01型护卫舰的部件已经是不可能的了。01 型护卫舰入列后，成为人民海军中仅次于 07 型驱逐舰的主力舰艇，直到我国海军的 053H1 型导弹护卫舰入列后，才第一次在技战术性能上超越了 01 型。

当埃及海军用苏制"冥河"反舰导弹击沉以色列"埃拉特号"驱逐舰以后，海战已经正式进入了导弹化时代。虽然 01 型护卫舰三座单管 100 毫米舰炮性能不错，射程和威力都直逼同时代的美制 MK12 型 127 毫米舰炮。但缺乏反舰导弹的 01 型护卫舰在面对强敌时，攻击能力还是非常不足。幸运的是，在 01 型护卫舰之前，海军已成功对 4 艘 07 型驱逐舰进行了现代化改装，为其加装了回转式"上游"-1 反舰导弹武器系统。在此成功经验的基础上，为 4 艘 01 型护卫舰加装舰舰导弹就被提上了议事日程。

"上游"-1 反舰导弹发射装置

海军于 1970 年 10 月上报了将 4 艘 01 型护卫舰进行导弹化改装的请示，经中央军委同意后，由海军修理部主持召开了"01 型护卫舰改装论证会议"，参加会议的有海军、六机部、三院、七院等。会议确定了拆除鱼雷发射管，改装一座导弹发射装置的方案并上报中央军委。中央军委同意了这一改装方案，要求先完成一艘的改装，然后取得经验再对另 3 艘进行改装。4 艘 01 型护卫舰最终改装顺序为 208 舰、205 舰、207 舰和 206 舰。

由于有了07型驱逐舰现代化改装的成功经验，所以01型护卫舰的反舰导弹改装工程进展较为顺利。4舰先后在舟山海域成功进行了常规航行试验和导弹武器系统的联调试验。后又在海军二十三基地进行了导弹发射试验，各舰均成功发射了2枚"上游"-1型反舰导弹惯性弹。证明了经过导弹化改装的01型护卫舰已经具备了战斗值班能力。

4艘01型护卫舰完成改装的时间点非常重要，1974年春节，根据西沙群岛战备需要，205舰、206舰、207舰强行通过台湾海峡，208舰也于稍后南调，慑于我护卫舰编队自身强大的火力和福建地区海空军的配合，国民党军队未有异动。实际上以当时国民党海空军能力要进行拦截是很困难的。当时的国民党海军中，主力是美国援助的二战前后的驱逐舰。这些驱逐舰当时并没有装备舰舰导弹，其对舰攻击武器只有127毫米舰炮和533毫米鱼雷。01型护卫舰光凭自身的单管100毫米舰炮及其火控雷达和533毫米鱼雷也足以与其一战。而当时的国民党空军既没有夜间攻击水面活动舰艇的能力，也缺乏精确制导武器，很难突破由警戒雷达和100毫米高平两用舰炮及双联装37毫米舰炮构成的火力网。更何况，驻福建地区的海军航空兵和空军的全天候歼击机已经进入了战斗准备，不会给国民党空军有可乘之机。

同年5月19日，在南海舰队川岛水警区，206和207两舰进行了"上游"-1型反舰导弹（战斗弹）双舰编队齐射试验，取得了成功。这一成绩不仅证明了01型护卫舰导弹化改装的成功，更极为有效的震慑了当时蠢蠢欲动的南越海军。4艘装备有"上游"-1反舰导弹的01型护卫舰完全可以在目视距离之外把南越海军装备的美制驱逐舰送入海底。以南越海军装备的排水量最大的"陈平重号"驱逐舰为例，其排水量1776吨，一枚"上游"-1反舰导弹的战斗部达到了510千克，只要命中一枚，就能彻底将其击沉。

纵观新中国海军护卫舰发展史，01型护卫舰是非常重要的一环。不仅在于它自身的优良性能，更在于这是

"上游"-1反舰导弹

苏联向中国转让了千吨级主战舰艇全部的资料和建造规范，成为中国最早的舰艇研究设计资料库。使中国科研和造船厂迅速掌握了当时先进的中型水面主战舰艇的设计思想、建造方法和相关的规范、准则，为日后的设计提供了重要的参照、借鉴和启发，并为今后中国造船工业的标准化打下了坚实的基础。

而且01型护卫舰是新中国第一型从图纸翻译开始到资料复制再到施工建造最后试验试航交船走完全过程的水面主战舰艇，加上苏联专家组的言传身教和悉心指导，使中国一大批技术人员迅速掌握了护卫舰的设计、建造和试验的相关知识，并积累了宝贵的经验，为以后多型护卫舰、驱逐舰的设计、建造打下了坚实的基础。

完成反舰导弹改装的01型护卫舰506号"成都"舰

4.10 自研自造的65型火炮护卫舰

进入20世纪60年代，随着越南战争的升级，南越海军、美国海军在南海地区活动逐渐频繁。台湾当局也频繁派出舰船在南海海域活动，拦截中国大陆出海的渔船、抓捕渔民，并数次派出特务登陆两广地区进行袭扰。而当时的南海舰队是三大舰队中实力最弱小的一支，舰队旗舰"南宁号"护卫舰甚至无法正常出港巡航，多次出海后发生主机故障，需要靠拖轮拖回港口，因此南海舰队无法胜任保卫南海海疆安全的任务。由于台湾当局的封锁，北海舰队的07型驱逐舰也无法增援南海舰队。因此，中国大陆急需在台湾海峡南部建造一种火力强、航程远、适航性好的水面主战舰艇，在南海辽阔海域担任巡逻任务。

1961年12月，海军提出利用现有材料设备，设计建造一型排水量在1000吨左右的火炮护卫舰。计划在1965年前建成首舰，并在"三五"期间建造4艘，该型舰因此被命名为65型护卫舰。

整个设计过程中，首先考虑的是主机问题。主机的类型和功率决定了65型护卫舰的航速、续航力和基本排水量，也决定了该型护卫舰的作战能

65型护卫舰502号"南充"舰

力。01型护卫舰使用的蒸汽轮机体积大、油耗高，并不是千吨级护卫舰理想的动力系统选择。但就是这样的蒸汽轮机，当时的中国也无法自行制造。此时，中国正在仿制TB-8和TB-9型舰用蒸汽轮机，但具体定型时间还不确定，存在拖工程后腿的危险，故只能使用现有的主机。当时国内可供选择的现成主机有37D和9EDZ43/67两型柴油机。

37D型是一种潜艇用高速柴油机。20世纪50年代苏联向中国转让w级常规潜艇时，把37D柴油机的技术资料也一并转让给中国。37D柴油机尺寸、功率均符合65型护卫舰的要求，但它是潜用柴油机，不能倒车。虽然其改型37DR舰用柴油机可以倒车，但苏联没有提供37DR柴油机的技术资料。有关单位只能自己动手设法改造37D型柴油机。但由于没有深入消化柴油机的技术原理，改进遇到了难以逾越的困难，研制进度无法保证。

第二个选择是使用9EDZ43/67系列9缸中速柴油机。该系列柴油机缸径430毫米，单机重达75吨且体积很大，用在1000多吨的护卫舰上并不适合。此外，该型柴油机最大功率只有2205千瓦，航速会明显低于01型。

1962年4月，有关单位为65型拿出了3个基本设计方案。方案一，安装3台苏联37DR型主机，最高航速26节，主炮为3门单管100毫米炮；方案二，主机为2台43/67型柴油机，最高航速20节，主炮也是3门单管100毫米炮；方案三的主机配置同方案二，但大幅度减小了排水量，以保证航速在24节以上，主炮缩减到2门单管100毫米炮，并取消了反潜武器。1962年6月，37DR型柴油机确定无法按期研制成功，因而方案一已不可行。方案三由于主炮火力过弱、无反潜武器，未得到海军认可，最后海军选择了方案二。在增大主机的实际运行效能，改善43/67柴油机的输出功率，最终建成的65型护卫舰实际航速达到了21.5节，部队使用中还创造出23节的最高航速。

65型护卫舰采用的100毫米舰炮当时国内还无法仿制生产。好在20世纪50年代苏联提供了一批100毫米V-34岸防炮。然而中国当时也无法仿制生产该炮，因此舰上的主炮都是从海防炮台上拆卸下来的现成V-34型炮。V-34型炮本身是从舰炮改进而来的岸防炮，炮全重比当时的同口径舰炮略大一些，勉强能装在护卫舰上。V-34型炮为56倍径，弹丸重15.8千克，初速895米／秒，对海最大射程22.4千米，对空最大射程14千米。该炮采用半手动装填，炮手需手动将炮弹搬到扬弹架上，通过电动扬弹机将炮弹送入炮膛，最高射速12发／分。65型护卫舰的主炮采用了前1后2布置,这也是65型护卫舰与01型护卫舰外观上最大的区别。

　　65型的副炮为4座61式双联装37毫米炮，该炮仿制自苏联B-11型，为63倍径，初速880米／秒，最大对海射程8千米，最大对空射程6千米，单管射速270发／分。此外，在后部甲板两舷各装有1挺双联装14.5毫米高射机枪，其对海有效射程2千米，对空有效射程1.2千米。

苏联V-34舰炮　　　　　　　　　　　　61式双联装37毫米炮

　　鱼雷武器方面，65型护卫舰受主机功率限制，航速较低，不利于其抢占鱼雷攻击阵位。且该级舰的大型主机使其舰体中部空间过于局促，难以在中部安装旋转鱼雷发射管，因此65型舰没有像01型舰那样装备反舰鱼雷。在20世纪七八十年代，01型进行了现代化改造，撤除中部鱼雷发射管，换装双联装反舰导弹发射装置，成为导弹护卫舰。但65型护卫舰由于舰体中部空间狭小而无法实现导弹化。因此该级舰直到退役都是纯正的火炮护卫舰。

反潜武器方面，65型舰采用了当时国内最为先进的装备。舰上安装2座65式五联装反潜火箭发射装置。该反潜火箭发射装置仿制自苏联RBU-1200型，配备62式火箭深弹，口径250毫米，有效射界400—1450米，连发射速1发／秒，弹重约70千克，装药量32千克，最大杀伤半径5米。深弹入水后最大下沉速度6.85米／秒，深度装定范围为0—300米。当定深设在0米时，深弹入水即爆，可用于攻击敌方水面舰艇。但65式只能调整俯仰角，不能旋转，对潜攻击时需要舰艇不断转向机动以便瞄准目标。舰艉有4座64式432毫米深弹发射炮，仿制自苏联BMB-2型深弹发射炮。4门发射炮在舰艉左右对称布置，固定为45度仰角。依据装填的发射药量不同，有40、80、120米三档投掷距离。使用的62式深弹重165千克，装药量135千克，深度装订范围为10—330米。每门深弹发射炮备弹10枚。此外，舰艉还设有2条深弹／水雷投掷滑轨。

65式五联装反潜火箭发射装置

该级舰使用从苏联引进的6602型鱼雷艇上的"皮头"雷达，装在主桅杆上，最大探测距离仅20千米，且探测精度较差。声呐则为从苏联引进的6604型猎潜艇上安装的"塔米尔"舰壳声呐，功率较小，平均探测距离只有800—1300米。

与东海舰队的01型不同，65型的预定作战海域是常年高温湿热的南海，因此65型舰安装了空调系统。65型舰是中国海军第一种装备空调的护卫舰。当时即便是大城市中，空调、冰箱等制冷设备都还很罕见。空调设计人员甚至去上海"大光明"、"和平"等电影院进行考察（这些豪华电影院建于新中国成立前，安装了西方制造的空调系统），研究其压缩机安装方式、冷气口设置、散热通风等设计，依此来设计65型舰的空调布局和细节处理。为确定65型舰空调系统所需的功率，设计人员还亲自收集了南方各港口及南海海域的平均昼夜气温、湿度等资料。65型舰服役后在实际使用中发现，空调系统的设计还是较为合理的。

65型护卫舰的建造计划对中国造船工业来说也是一次大的考验。由于台湾海峡尚未通航，在上海、大连建造的军舰无法开赴南海服役，因此决定65型护卫舰由上海江南造船厂制造第一艘，交付东海舰队，然后上海江南造船厂帮助广州造船厂对船厂进行改造和扩建，在广州建造4艘，交付南海舰队。上海方面提供所有能够用火车运输的成套部件，并提供人员培训和工艺装备、文件，广州方面承担舰体结构制造和总装任务。

1964年8月，上海建造的65型首舰开工，1965年12月下水，1966年8月服役。与此同时，广州方面对船台、滑道进行了改、扩建，新建了建造中型舰艇所需的车间和基础设施，并派人到上海参与学习建造过程。上海方面则在首舰建造中制定标准，并将全套的技术资料供给广州方面，使广州方面具备了基本的技术基础。

1965年8月，广州的船厂改、扩建工程完成，65型护卫舰的第二艘、广州方面建造的第一艘开工，舷号501，1966年6月下水，1966年12月服役。广州方面建造的第四艘（舷号504）则于1966年5月开工，因受到"文革"的影响，至1969年6月才进入现役。

65型5艘舰的建造历时4年11个月，若从1962年2月开始设计时算起，共用了7年5个月时间。对于当时的造船工业来说，这样的设计、建造速度是相当快的。

在20世纪60年代中期，美、苏、英等国建造的驱护舰已全面导弹化，大功率雷达、燃气轮机、反舰导弹、舰空导弹、反潜导弹等先进装备开始普及。相比之下，65型舰的技术指标在各方面都远远落后于国际先进水平。但对于当时中国的造船工业而言，65型舰的建造成功是一个巨大的飞跃。之前中国只能进口或组装苏制中型水面舰艇，65型舰则实现了新中国中型水面舰艇制造史上零的突破。

从性能上看，65型舰大大提升了南海舰队的战斗力。在当时的南海地区，南越海军的装备较差，多为旧式美制火炮舰艇，65型舰可以确保南海舰队对南越有一定的装备优势。对于袭扰南海的台湾海军舰艇，65型舰的战力也足以使台湾海军的美制舰队驱逐舰不敢再随意在大陆近海活动。从1970年到1974年，65型护卫舰首舰232号（1980年，232舰舷号变更为502，1986年被正式命名为"南充"）舰参加过多次驱除、拦截美蒋特务船的行动。

1988年2月22日下午，南海舰队榆林基地参谋长陈伟文奉命率舰艇编队奔赴南沙。编队下辖2艘护卫舰，旗舰为65型502舰"南充号"，另一艘是同为65型的503舰"开源号"。由于南海形势已高度紧张，陈伟文编队出航时做好了一切战斗准备，舰艇主要系统均处于完好状态，油、水、弹全部装满。此外，还携带了充足的建材等物资，编队除在南沙海域巡航、宣示主权外，还担负着在南沙合适的礁盘建设高脚屋的使命。在随后震惊世界的"3·14"海战中，605型502号"南充"舰击沉了越南海军排水量1000吨的HQ604舰，协助击毁了排水量4000吨的HQ505舰。这是1840年以来中国军舰第一次在开阔的外海击沉外国大型军舰（千吨以上）。

4.11 专职防空的053K型导弹护卫舰

20世纪60年代中期，人民海军已经研制装备了01型和65型两型火炮护卫舰，在火炮护卫舰方面和周边国家水平看齐。但是，此时世界海军强国已经开始了舰艇导弹化的进程。随着我国导弹技术的发展和小型导弹舰艇的建造，海军也准备赶超世界先进水平，推进中型水面舰艇——驱逐舰和护卫舰的导弹化。

1965年下半年，海军方面打算在65型火炮护卫舰基础上发展053K型导弹护卫舰，其任务主要以防空、反潜为主。这种考虑现在看来还是合理的，因为当时我国并无自行研制中型导弹舰艇的经验，将防空和反舰任务分开，有利于降低研制的难度和风险，最大限度地减少不确定因素。后来051型驱逐舰能够完成研制工作，部分也是由于初始设计中需要攻关的项目较少的缘故，如果贪大求全，在051舰上加入了防空导弹这样的装备，海军可能会在相当长时间内都无定型的导弹驱逐舰可用。另一方面，053K型护卫舰和051型驱逐舰是同时列入计划的，它们本该是一个整体，051型驱逐舰负责反舰，053K型护卫舰则负责防空、反潜，这正是一个合理的海上战术编队，但后来053K型舰本身进展不顺，才使得051型舰的防空能力成为问题。

1966年，船舶工业部门开始进入053K型导弹护卫舰相关的前期设计工作。该型舰首舰在1971年10月下水，舷号222（后改为531号，"鹰潭"舰），实舰与当初的设计基本相同，只是原设计动力部分采用2台柴油机加1台燃气轮机、3轴推进的方案，后由于国内工业基础问题，取消了燃气轮机设置，并采用双轴推进。

053K型首舰531号"鹰潭"舰

首舰舰体下水后，相关的舰载装备却远未完成，舰体若长期搁置船厂，则必定会落得报废的结果，为了让舰艇能够先形成部分战斗力，研制工作只得分为两期进行：一期工程要求主机和主炮的基本性能到位，双联装37毫米炮暂由老型号代替，尚未完成的电子设备暂且缺装，舰艇先交付部队作为一型火炮护卫舰使用；二期工程则要完成所有设计中应该上舰的装备。这本来不应是规范的做法，但在当时我国薄弱的工业基础下，这种特殊情况却普遍存在。

1975年3月，053K型舰首舰完成了第一期工程，交付海军，但双100毫米舰炮和舰空导弹系统的定型却迟迟不能完成，使这型护卫舰在其服役的大部分时间里都只是一型火炮护卫舰。最终该舰的37毫米炮系统、100毫米炮系统和"海红旗–61"导弹系统，分别于1982年12月、1983年12月和1986年12月定型，此时，距离一期工程结束已经过了10年了。

"海红旗"–61舰空导弹

053K型舰共建造了2艘，2号舰舷号532，1971年10月开工，1977年7月完成一期工程交船，后来由于舰载武器不配套，且舰体和管路锈蚀严重，部分舰载设备不能正常工作，于1986年6月提前退役。531舰则于20世纪90年代退役。

053K型护卫舰标准排水量1674吨，主机为2台18VE390ZC型柴油机，单台功率8820千瓦，双桨双舵推进，最大航速大于28节，自持力10昼夜，航速18节时，续航力2000海里。标准排水量时能够在8级海情下安全航行，任意相邻两舱进水不沉，乘员198人。

　　该舰的舰载武器，主要有舰空导弹、主副炮、反潜深弹等，其中舰空导弹系统可以说是该型舰研制过程的核心。该系统包括舰艏艉各1座7231型双联装"海红旗"-61舰空导弹发射装置，以及ZL-1照射雷达，ZH-1指挥仪和发控设备等。

　　7231型发射装置自1966年就开始设计，起初设计了一种双联装下挂式发射架，后来由于舰的总体论证不充分，发射装置的设计方又提出了一型三联装上蹲式发射架、18枚备弹、垂直贮藏、垂直装填的方案，结果后来发现舰的排水量太小，如果硬上三联装和18枚弹，则舰体重心要大大升高，只得将以前的方案推倒重来，设计了最后的双联上蹲式发射架、12枚备弹、高低方向瞄准、横纵向双向稳定、链式供弹的发射装置。

7231型双联装导弹发射装置及"海红旗"-61型舰空导弹

　　"海红旗"-61导弹的前身是1965年提出的"红旗"-41防空导弹方案，起初是作为地空导弹进行研制的。1967年，中央军委决定将其转为舰空导弹。舰空导弹和地空导弹的区别在于工作环境不同，不仅要考虑湿度、温度变化，还要考虑海上盐雾对装备的腐蚀，舰艇摇摆、震动和电子设备辐射对导弹工作时的影响，以及导弹发射时对舰上装备、人员的影响。由于种种原因，该弹直到1975年才开始上舰试验，后来经过不断修改，直到1986年才进行了海上设计定型飞行试验，并在试验中取得了8发7中的成绩。继而于1988年11月正式定型。此时距离开始研制已过去20年，531舰亦已服役10年，"海红旗"-61导弹研制的拖延，决定了053K型舰无法投入批量生产，也是532舰迟迟无法投入使用的原因之一。

最后定型的"海红旗"-61导弹长3.99米，弹径0.286米，翼展1.166米，十字形弹翼，X型尾翼，半主动雷达制导，连续波雷达导引头，固体火箭发动机，飞行速度3马赫，射高8千米，射程10千米，全弹重300千克，战斗部重40千克，单发杀伤概率64%—80%。其制导由ZL-1雷达负责，该雷达也是我国第一种舰载对空制导雷达，工作在X波段，采用单脉冲跟踪和连续波照射体制，即同一雷达不仅要完成对目标的单脉冲跟踪，还要完成对目标的连续波照射，跟踪和照射采用同一套发射天线。

79式双联装100毫米火炮

053K型护卫舰不仅是中国自行研制的第一型防空导弹护卫舰，还是中国第一型装备全自动舰炮的舰艇，主炮为2座79式双联装100毫米火炮，全自动瞄准。该炮带下扬弹机，自动供弹，炮弹由下部弹药库到进入弹膛，全部实现自动化，在当时的确是一大进步。主炮配用的弹种包括榴弹、爆破弹、穿爆燃弹和照明弹等。主炮的瞄准工作由343炮瞄雷达负责，该雷达是我国自行研制的第一代舰载主炮跟踪校射雷达。

该舰的副炮为4座76式双联装37毫米舰炮，其可选炮弹可同时具备杀伤、爆破、曳光能力或穿甲、爆破、燃烧能力。副炮的瞄准工作由341型炮瞄雷达负责，该雷达原来是21型导弹艇上与30毫米炮相配的雷达。

该舰的反潜武器为2座65式1200火箭深弹发射炮，2座64式大型深弹发射炮，配弹6枚，2座大型深水炸弹投掷装置，配弹12枚，虽然反潜不是该舰的重点，但该舰的反潜武器配置还是不差的。

应该说，如果"海红旗"-61系统能够早10年得到实用，053K护卫舰其实会是一型成功的设计，应用前途也将是非常广泛的。

该型舰还有两种值得一提的设备，一是381型三坐标雷达，这是我国第一型自行研制的水面舰艇三坐标雷达。该雷达也是我国舰艇第一次使用相控阵天线。二是PL-1型平台罗经，它既能为航行提供必需的罗经信号，也能提供各武器系统所需的纵、横摇信号，这种平台罗经系统的成功应用，为以后的舰艇研制提供了经验。此外，该舰在改善居住性上也有相当进步，不仅设有餐厅、洗衣室和烘衣间，后来还设置了闭路电视系统，以丰富舰员业余生活。

由于053K型舰的特殊性，531舰交付海军后，除了进行日常的战备巡逻外，主要从事

顶部的板状物为381型三坐标雷达

了大量的海上试验任务。从20世纪80年代中期起，为了在南海地区执行任务，该舰还加装了纵向和横向补给装置，以便跟

南沙"3·14海战"归来的531舰

随编队远航，并用2台18E390VA柴油机更换了原先的主机。此外，该舰还曾经与65型护卫舰502号舰、556号舰一起参加了1988年"3·14"南沙海战，其主炮的威力、射速和精度，面对越军舰艇拥有无可比拟的优势。战斗结束后，为了防止越方空中报复，我海军编队特别命令531舰做好防空准备，但越方已经失去了继续战斗的欲望，使得531舰的防空导弹失去了唯一一次实战的机会。不过这次海战的胜利，使531舰成为功勋舰，退役后与502舰一同进人了青岛海军博物馆展出。

4.12 循序渐进，稳步向前的053H型导弹护卫舰

由于053K型护卫舰配套的舰载武器研制工作迟迟不能完成，而当时的01型和65型火炮护卫舰的性能已明显落后，所以中国海军对新型导弹护卫舰的需求十分强烈。为了缓解这一局面，科研部门在继续加快053K型护卫舰研制的同时，又开始了对海型导弹护卫舰的研制，这就是053H型导弹护卫舰的研制背景。

053H型舰体基本沿用了053K型舰的设计，但舰艏增加了一道舷墙，

以减小甲板上浪。舰体布局进行了重新设计，总体上由前、中、后三个部分组成，中部布置有反舰导弹发射装置。舰上的动力装置和053K型一样，也采用2台18VE390ZC型柴油机，但最高航速降低到26节。与053K型相比，053H型的舰载武器系统全部使用现有装备，不追求技术上的突破，以稳妥装舰使用为目标。反舰武器由以往的单纯以火炮为主改为火炮和反舰导弹，极大地增强了对海攻击能力。

053H型护卫舰的前后主炮是苏式单管100毫米舰炮，虽然性能与当时正在研制的79式双管100毫米舰炮相比存在着很多不足，但在当时的

053H型护卫舰舰艏的舷墙

条件下也别无他法。这种舰炮是一种全手动操作火炮，最大射程20千米，射速22发/分（理论值），作战时需由6名人员操作，并且没有雷达火控系统，只能由光学测距仪对目标进行测距，解算后传递给炮手以便对目标进行射击。

053H型护卫舰上反舰导弹选用的是"上游"-1反舰导弹，在舰体中部烟囱前后各布置1座双联装旋转发射装置。"上游"-1反舰导弹是中国在苏联"冥河"导弹的基础上仿制的第一种反舰导弹。1960年正式开始仿制，1967年完成定型试验后开始批量生产，首先装备在

导弹艇上使用。为了实现在中型驱、护舰上使用的要求，1962年又开始研制双联装回转式导弹发射装置，计划用其对在役的01型火炮护卫舰和07型火炮驱逐舰进行改装，以提高对海打击能力。1968年，这种双联装"上游"-1反舰导弹发射装置完成研制，并从1969年开始对65型"成都号"火炮护卫舰和07型"鞍山号"火炮驱逐舰进行改装，在随后的实际使用中效果良好。053H型舰也选用了"上游"-1反舰导弹和双联装发射装置。

"上游"-1是一种近程反舰导弹，外形很像一架小飞机，采用中置梯形弹翼，具有垂直尾翼和带下反角的水平尾翼。动力装置为1台液体火箭发动机，尾部还装有1具固体火箭助推器，最大飞行速度0.9马赫，最大巡航高度300米，最大射程不超过50千米，弹长6.5米，弹径0.76米，翼展2.4米，弹重2090千克，采用重510千克的聚能高爆战斗部，威力较大，一枚即可摧毁1艘3000吨级舰艇，导弹的制导系统为自控加末端主动雷达制导，一部圆锥扫描末制导雷达在无干扰的情况下可以保证导弹具有70%以上的命中率。

相对于较为强大的对海攻击能力，053H型护卫舰的防

"上游"-1反舰导弹双联装旋转发射装置

空和反潜能力较为一般，只作了最基本的配置。由于新型全自动76式双管37毫米舰炮的研制没有完成，053H型在舰体前、中、后部两侧共布置了6座61式双管37毫米舰炮，可以保证两舷侧面同时有3座61式舰炮进行防空作战，在特定范围内甚至能实现4座舰炮同时作战，基本达到自卫防空作战的要求。反潜武器主要由4座62式5联装反潜火箭发射装置（后来改为2座）和4座深水炸弹发射器及声呐探测设备组成，构成了最基本的反潜作战系统。

　　053H型护卫舰所使用的雷达电子设备并不多，主桅上装有1部354型对空、对海搜索雷达，下方安装的1部352型火控雷达用于"上游"-1反舰导弹的制导，其他还包括导航雷达、通信系统等。

053H型首舰516号"九江"舰

　　客观地说，053H型护卫舰除了航行性能、巡航力有所提高且增加了反舰导弹攻击手段外，其他方面比65型护卫舰并没有实质性的提高，与国外20世纪70年代建造的护卫舰相比更有着相当大的差距。尽管如此，该型舰还是在1975年开工建造后的短短5年间批量建造了14艘。也正是由于它的大量入役，极大地改善了中国海军缺乏中型导弹护卫舰的不利局面，对提高中国海军近海防御作战能力起到了极为关键的作用。可见，053H型的研制首先解决的是"有无"的问题，而在舰载武器和设备方面只要求达到基本作战能力即可，没有刻意追求技术性能的先进性，这也是当时最为现实的选择。

在众多053H型护卫舰中，最值得一提的是053H型首制舰516号"九江"舰。该舰服役期已长达42年，2002年进行了最为彻底的改造，由原来的导弹护卫舰变成了具有强大火力的专用火力支援舰。

改装为火力支援舰的516号"九江"舰

随着第一代053H型护卫舰的建造工作陆续完成，20世纪80年代初期我国又开始了053H改进型——053H1型护卫舰的研制工作。

在舰型上，053H1最明显的变化就是取消053H型舰艏设置的防浪墙，回到了053K型舰的设计，外加了一对减摇鳍，提高了海上航行的稳定性。动力装置与基本航行性能与053H型舰相同。但由于舰上雷达、电子设备的增加，因此053H1型舰在053H型舰的基础上增加了2组发电机组，电力输出功率增加了20%。该型舰在053H型舰已有的纵向海上补给装置的基础上加装了海上横向补给装置，可以进行海上干、液货补给，提高了续航能力和海上自持力。舰载武器方面，两型舰有很大不同，其中主要体现在反舰导弹，主副炮及雷达电子设备方面。

053H1型护卫舰的首尾各装有1门新定型的79式双联装100毫米自动

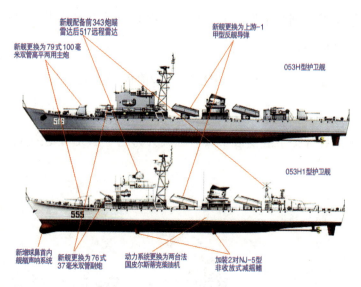

新舰配备前343炮瞄雷达后517远程雷达

新舰更换为79式100毫米双管高平两用主炮

新舰更换为上游-1甲型反舰导弹

053H型护卫舰

053H1型护卫舰

新增球鼻首内舰艏声呐系统

新舰更换为76式37毫米双管副炮

动力系统更换为两台法国皮尔斯蒂克柴油机

加装2对NJ-5型非收放式减摇鳍

053H1型与H型的对比图

舰炮，由于射速和威力、精度的提高，2门79式舰炮已相当于6门苏式单100毫米舰炮，可以保证足够强大的对海攻击火力。副炮则由053H型舰的6门61式双管37毫米舰炮改为4门76式双管37毫米自动舰炮。射速、反应时间都比61式舰炮明显提高，4门76式舰炮即可在舰体四周形成比6门61式舰炮更为密集的防空火力网，近程对空防御能力有了很大提高。

79式双联装100毫米自动舰炮

反舰导弹使用了改进的"上游"-1甲型。由于"上游"-1在使用过程中存在巡航高度过高、易被发现拦截、末端制导雷达的稳定性、抗干扰能力及跟踪精度较差

等问题，严重影响了导弹对目标的跟踪、命中精度等，很难对20世纪80年代后服役的水面作战舰艇构成实质性威胁。因此中国在20世纪80年代初就开始"上游"－1甲型导弹的研制工作。改进重点主要体现在提高导弹的突防能力、抗干扰能力和命中精度等方面。该型导弹在1983年设计定型，开始在053H1型舰上使用。

053H1型舰上的反潜武器仍由2具火箭式深弹发射装置和2具深水炸弹发射器组成。在雷达、电子设备方面，053H1型舰增加了与79式和76式舰炮配套使用的343型、341型火控雷达，保证了2型舰炮的全天候作战能力和攻击准确度。舰艉增加了1部517型对空警戒雷达，完善了整体对空探测能力。虽然仍然没有装备电子战设备，但舰桥后部平台上安装了2座多管干扰火箭发射装置，可以发射中国第一代舰用金属箔条干扰弹，在一定程度上提高了自身生存力。

343型火控雷达

053H1型舰一共建造了10艘，在20世纪80年代中期可以说是中国海军作战能力最强的护卫舰。进入20世纪90年代中后期进行了一系列的现代化改装工作，主要集中在提高信息化联合作战能力，增加了卫星通信系统、电子战系统、舰队数据链系统等。

053H1型护卫舰除装备中国海军外，还首次出口到国外，实现了中国中型护卫舰出口零的突破。其中舷号为556号的护卫舰在服役3年后被出售给孟加拉国海军，舰上的武器和雷达、电子设备与国内装备的053H1型舰基本相同。20世纪80年代中期，中国又在053H1型护卫舰的基础上为埃及海军建造了2艘改进型，主炮换为2座66式双管57毫米舰炮，部分雷达、电子设备也有所不同。

20世纪80年代，中国开始与西方进行广泛的军事技术合作，中国海军也利用这个机会广泛接触西方一些技术性能先进的水面作战舰艇，从而更深刻地认识到已造的053H、053H1型护卫舰在各方面性能上所存在的巨大差距。到了20世纪80年代中期，随着新一代舰载武器的研制陆续成功，加上受到西方先进护卫舰设计理念的影响，中国开始研制新一代护卫舰，主要包括053H1Q、053H2和053H1G三个型号，这是053H型护卫舰的第二个发展阶段。

20世纪80年代初期，中国从法国引进了"海豚"直升机的专利技术，开始在国内进行组装、生产。经过多年的技术吸收，到20世纪80年代中期已基本掌握了这种先进直升机的大部分技术，遂逐步开始国产化的研制。这个时期中国还引进了数架法国生产的"黑豹"专用反潜直升机，其具有全套的较为先进的

法国原装"海豚"直升机

搜潜、攻击设备及武器。

"海豚"直升机具有性能先进、体积小、重量轻、载重量大的特点，很适合作为舰载机使用。因此，中国海军开始为填补没有舰载直升机的空白做准备，着手选择一艘现役驱逐舰进行改装，并准备建造一型护卫舰，以探索搭载直升机的可行性、相关经验及存在的问题。其中，驱逐舰选择了051型首舰"济南号"，而选择的护卫舰为544号"四平"舰。该舰于1985年12月服役，称为053H1Q型，由于带有试验性质，所以053H1Q没有建造后续舰。

相对于其他053H1型舰，"四平号"护卫舰最大的不同就是将舰后

部改为一个长15.2米的直升机机库和一个长21.6米的直升机起降平台。起降平台上装有引进的法国"鱼叉"直升机助降系统，飞行甲板和机库可以满足一架直-9或"黑豹"反潜直升机的起降和停放。

"四平号"舰艇没有安装053H1型护卫舰所装备的79式自动舰炮，而是装了1门从法国引进的克鲁索·卢瓦尔公司T100C型单管55倍口径100毫米紧凑型自动舰炮。目的是通过先进技术的引进，提高国产舰炮的研制能力，缩小中口径舰炮与国外先进水平所存在的差距。

T100C型单管55
倍口径100毫米紧凑
型自动舰炮

该型舰炮的最大射程为17.5千米，最大射高6千米，最高射速90发/分。

"四平号"护卫舰舰体中部仍然装备着与053H1型护卫舰相同的双联装反舰导弹发射装置，反舰导弹是"上游"-1型。反潜武器除了上面提到的反潜直升机外，飞行甲板下还首次安装了引进的三联装324毫米鱼雷发射管及反潜鱼雷，在装备鱼雷发射管之前，我国水面舰艇的反潜武器仅限于性能有限的反潜火箭和深水炸弹，因此将其装备在"四平"舰上的目的一是对发射管和反潜鱼雷的性能进行实际测试，掌握其作战性能及使用维护特点；二是可以与舰艇装备的新型声呐系统、舰载反潜直升机、反潜火箭构成一个较为完整的多层次反潜体系，以便通过试验来测试这种海空立体反潜体系的反潜效果。现在国产新一代驱、护舰的反潜武器系统也基本是这种配置，可见当时的试验效果还是非常理想的。

"四平号"的雷达、电子设备并没有太大的变化。由于装备了法制T100C型自动舰炮，原053H1型舰所装备的343型火控雷达被法制舰炮配套的射击指挥仪所取代，而354型对空/对海雷达、352型反舰导弹火控雷达、341型火控雷达、导航雷达、通信导航系统等都没有变化。"四平号"建成后即开始了繁重的各项试验工作。先后完成了导弹、火炮、鱼雷攻击，舰载直升机反潜，超视距引导等试验任务，取得了良好的效果。

544号"四平"舰俯瞰图

20世纪80年代中后期，世界各国新型护卫舰在整体作战性能上有了更大的提高，由单一功能向多用途转变，攻击力、生存力、机动性、自持力及自动化程度都达到了很高的水平。中国新一代护卫舰的研制也深受影响，这就是20世纪80年代中期服役的053H2型护卫舰。

053H2型舰在设计中融入了西方护卫舰设计理念，技术上保持着当时中国海军护卫舰中的数个第一：第一艘全封闭式、具备"三防"作战能力的护卫舰；第一艘装备新型反舰导弹的护卫舰；第一艘装备新型电子系统的护卫舰；第一艘装备舰载作战指挥系统的护卫舰；第一艘装备新型柴油发动机的护卫舰；第一艘设计之初就考虑到舰员居住性问题的护卫舰等等。该型舰在053系列护卫舰中的地位非常重要，起到了承上启下的作用，其多项设计在20世纪90年代国产最新型的053型护卫舰上都有所体现。

053H2型护卫舰一共建造了3艘，首舰于1984年10月开工建造，1986年12月服役；2号舰1985年3月开工建造，1987年12服役；3号舰1987年12月开工建造，1990年11月服役。

053H2型在舰体设计上与其他053型护卫舰相比有了很大变化，其采

053H2型首舰535号"黄石"舰

用全封闭船楼舰型，方尾线型，舰体有较宽的水线面，舰体有一定外飘，航行稳定性及耐波性有所提高。该舰体内部结构有所改进，重点部位进行了结构加强，全舰分为13个密闭隔舱，可以保证相邻两舱进水的情况下不下沉。贮备浮力比其他护卫舰增加15%，抗沉性有了较大提高。为了提高航行稳定性，舰上装备了全新设计的可收放式减摇鳍，能在高海况下保证航行稳定性，为舰载武器的使用提供一个平稳的发射平台。

053H2型与053H1型对比图

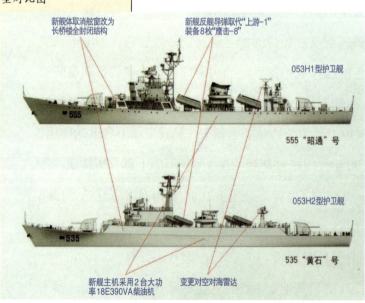

新舰体取消舷窗改为长桥楼全封闭结构

新舰反舰导弹取代"上游-1"装备8枚"鹰击-8"

053H1型护卫舰

555 "昭通" 号

053H2型护卫舰

535 "黄石" 号

新舰主机采用2台大功率18E390VA柴油机

变更对空对海雷达

053H2型护卫舰正常排水量增加到1670吨，满载排水量已接近2000吨，全封闭舰体，全空调设计，具备整体三防能力，可以满足在核、生、化条件下的作战要求。在主尺度不变的情况下，053H2型将船楼的长度增加到全舰长的60％，以便增加舰内舱室容量，为安装新型设备提供足够的空间。以往忽略舰员居住条件的弱点在053H2型舰上得到了极大的改变，舰上布置了休息室、餐厅、游艺室及全套的闭路电视系统，从前几十人一间的大舱室已被环境更好的小舱室所取代。舰体中后部具有很大的舰面空间，舰上在装备油水、干货补给设备外，还增加了武器补给设备，可以在海上实施反舰导弹补给，增强了持续作战能力。该型舰的动力装置也使用了新定型的18E390VA型柴油机，不仅输出功率增加了15％。而且在可靠性、自动化程度方面也有所提高。

18E390VA型柴油机的原型，法国皮尔斯蒂克公司的大功率柴油机

053H2型护卫舰的作战系统可以概括为5大部分，即反舰导弹系统、舰炮系统、电子战系统、反潜系统和作战指挥系统。在20世纪80年代中期以前，中国海军驱、护舰上装备的反舰导弹主要是"上游"、"海鹰"两个系列。但这两个系列反舰导弹都存在着体积和重量大、舰艇适装性差、雷达及电子设备落后、突防能力差等问题，仅依靠改进难以完全克服。因此，中国决定发展新一代反舰导弹，在当时外部信息极为有限的条件下开始了与"鱼叉"和"飞鱼"反舰导弹

相类似的小型反舰导弹的研制，这就是后来的"鹰击"-8反舰导弹。

"鹰击"-8反舰导弹的主要特点是体积小，重量轻，巡航高度低，突防能力强。具体技术数据为：弹长5.81米，弹径0.36米，翼展1.18米，弹重815千克，采用了先进的固体火箭发动机，其飞行速度提高到了高亚音速，最大射程40千米，战斗部165千克，由于采用了新型的延迟引信，完全可以保证具有足够的威力。由于导弹的尺寸、重量小，053H2型护卫舰的携带数量与053H和053H1型舰相比提高了2倍，达到了8枚，同时也超过了排水量多出其近2000吨的051型驱逐舰的导弹携带量。

053H2型舰的三号舰"舟山"舰在反舰导弹方面又有所变化，装备了4座双联装"鹰击"-8甲型反舰导弹。"鹰击"-8甲型导弹在弹体设计上与基本型区别不大，主要改进了几个方面的性能。首先，为了提高射程，增加了固体火箭发动机的装药量，导弹重量和长度有所增加，射程增加了近1倍，达到了80千米，具备了超视距攻击能力。其次，弹翼改为可折叠式，弹翼折叠后其弹径只有原"鹰击"-8的70%，发射箱的尺寸也大幅度减小，系统适装性又有了很大提

"鹰击"-8反舰导弹

高。最后，改装了新型的无线电高度表及末端制导雷达，使导弹的末端攻击飞行高度进一步降到5米，抗干扰能力进一步增强。导弹的发射扇面也提高到了正负90度，在舰艇两侧都布置有发射装置时，可实现对目标的全方位攻击。

053H2型的舰炮系统包括主、副炮两部分。舰艏和舰艉各装备了一门79式双联装100毫米自动舰炮，由位于舰桥顶部的一部343型火控雷达进行控制。作为中国当时最先进的中口径舰炮，此时79式双联装100毫米炮已成为中国海军护卫舰的标准主炮。舰上的副炮系统由4座76式双联装37毫米舰炮组成，布置在舰体前后处。4座炮都由位于舰舯处的一部341型火控雷达进行控制。

053H2型舰的电子战系统由计算机进行综合控制，具有全自动、半自动、手动三种工作模式，具有反应速度快、识别信号能力强、干扰功率大等特点。其中，由雷达告警接收、主动多频段干扰机（具有噪声、欺骗干扰能力）、984型电子对抗设备构成的主动有源干扰系统可以实现对多种雷达信号进行侦察、探测、警告，实施主动压制、欺骗、干扰等功能。无源干扰系统由位于舰舯的8座双联装箔条干扰弹发射装置构成，4座一组布置在

76式双联装37毫米舰炮

舰艉两侧，呈弧状面向舰舷外，1发干扰弹可以形成200—400平方米的干扰面积，发射10—15枚即可形成覆盖全舰的干扰层，有效地保证了舰艇自身安全。作为中国第一种自主研制的舰载电子战系统，它的出现填补了水面作战舰艇的一项空白。

虽然反潜并不是053H2型舰的重点，但舰上装备的声呐性能却有了很大的提高，舰艏下装备的中频主动声呐被称为SJD5A，是在国产系统的基础上加入了外国先进技术研制而成的。整体性能已达到20世纪70年代末、80年代初的世界先进水平。

首次装备053H2型护卫舰的新型舰载作战指挥系统可以说是053H2型最大、最重要的改变之处。此前，各型053护卫舰都没有独立的作战指挥中心，指挥系统和火控系统分别设置舰体各处，反应时间长。在053H2型护卫舰服役以前，中国海军在这个领域与发达国家海军至少存在着15—20年的差距。

新型舰载作战指挥系统可以同时对对空／对海搜索雷达、导航雷达、敌我识别器、电子战系统及声呐所探测到的目标数据进行闪速分析和处理，可以完成空中、水面、水下战术图像的编辑和显示，可以进行多目标探测、识别、跟踪，进行威胁判断、目标指示、武器火力分配等，可同时处理200个以上的海空目标并对其中的80个进行跟踪。该系统达到了国外20世纪70年代后期的先进水平，对提高053H2型护卫舰的综合作战能力发挥了极为重要的作用。

053H2型护卫舰是中国第一次试图脱离苏式设计思想而自行设计建造的第一种新型护卫舰，是中国海军迈向现代化的开始。但由于其身上仍然带有苏联50年代水面舰艇设计思想的影子，与其他053型护卫舰相比并没有本质上的提高。因此，该型舰原定4艘的建造计划在完成3艘后就中止了，转而开始重新设计具备搭载直升机和对空、对海功能的新型多用途护卫舰（即后来的053H2G型护卫舰）。

20世纪80年代中期，在053H2型护卫舰的基础上，结合西方国家先进的技术装备，中泰两国正式签订了建造4艘改进型053H2型护卫舰的合同。这是中国第一次批量出口中型以上水面作战舰艇，对展示中国水面舰艇的设计能力及扩大军用舰艇的出口产生了重要的影响。

出口泰国的
053H2型护卫舰

053H1G型护卫舰是中国在20世纪90年代初建造的一型比较特殊的护卫舰，它既没有采用053H2型舰的现代设计思想，也没有装备更多新型舰载武器，只在053H1型基础上进行了有限的改进。在20世纪90年代初国产新型护卫舰已开始建造的情况下，还建造这种老式护卫舰让人感到有些不可理解。实际上，053H1G与053II1同样是一种过渡性质的装备，当时更为先进的053H2型护卫舰虽已经开工建造，但还需要时间对设计情况及武器情况进行检验。因此，在053H1型基础上加装一些二代舰载武器和雷达系统，使其成为一型造价低廉、适合大批量建造、具备新型护卫舰一些技术特点的

过渡舰。

053H1G 型护卫舰外形上的主要变化是在舰艏设置了比较长的舷墙，这样可更好地消除在高海况航行时的甲板上浪问题。这种设计也预示着该型舰主要活动范围应该是风浪较大、海况复杂的南海地区。此外，该型舰的烟囱设计也明显不同于其他护卫舰，烟囱的排烟口被布置在两侧，似乎使用了某种红外抑制技术，这也成为识别 053H1G 型护卫舰的重要特征。

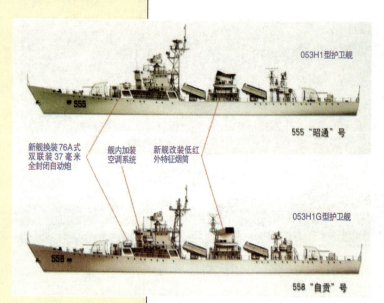

053H1 型护卫舰

555 "昭通" 号

新舰换装76A式双联装37毫米全封闭自动炮

舰内加装空调系统

新舰改装低红外特征烟筒

053H1G型护卫舰

558 "自贡" 号

053H1G 型与 053H1 型对比图

在舰炮系统上，053H1G 仍是在舰艏、艉布置 2 门 79 式自动舰作为主炮，但副炮则换为新型 76A 式全封闭双联装 37 毫米自动舰炮，布置方式与 053H1 型舰相同。76A 式舰炮的最大特点是实现了远距离遥控，全自动瞄准射击，同时炮塔变为全封闭式。炮塔下部设有大容量的弹舱，可装 1600 发穿甲弹和预制破片弹，不同类型弹药可通过内部快速转换机构实现快速转换，以满足打击不同目标的要求。由于改进了火炮自动机弹药输送设计，其射速得到很大提高，从 76 式的 450 发 / 分提高到了近 800 发 / 分（理论值），火力密集度提高了近一倍，对目标的摧毁能力大幅增强，对低空掠海目标的拦截能力也有一定增强。

76A式全封闭双联装37毫米自动舰炮

053H1G虽然仍使用双联装回转式反舰导弹发射装置，但装备了改进后的第二代"上游"反舰导弹。该型导弹用固体火箭发动机取代了液体火箭发动机，应用了"鹰击"-8反舰导弹的一些控制技术及雷达系统，整体突防能力较第一代"上游"导弹大为提高。

053H1G型舰上的雷达电子设备也进行了部分更换，主桅上装有一新型360型对空／对海搜索雷达，在搜索距离、精度、抗干扰能力、目标跟踪数量等方面都明显优于354型雷达，而且重量只有354型雷达的1/3。烟囱前设置有1部517型对空警戒雷达，可与360型雷达构成1套较为完整的对空警戒系统。此外，舰上还装有1部341型和1部343型火控雷达，分别用于4座76A式舰炮和2座79式舰炮的火力控制。舰上装备的作战指挥系统、电子战系统、干扰弹发射装置等与053H2型护卫舰相似。舰艇下方同样装备了1部SJD5A型中频声呐，对潜探测能力有一定提高。

053H1G型首舰于1993年服役，到1996年一共建造了6艘。这个型号建造结束后，053型护卫舰发展的第二阶段也就此结束。随后，中国海军护卫舰的发展重点全部放在了第二代护卫舰改型及第三代护卫舰的研制上。

053H1G型护卫舰首舰558号"北海"舰

纵观053型护卫舰的发展历程，从20世纪70年代中期建成开始一直到20世纪90年代中期最后一艘建造完成，总共建造了30多艘。从其长达20多年的发展过程中可以看出，它走的是一条循序渐进、逐步完善的发展之路，其间所获得的经验教训是极为宝贵的财富。

然而，尽管053型护卫舰受设计年代、设计思想及设计能力的限制，性能并不理想，但它对中国海军水面舰艇的发展却有着重要意义——它是中国第一种独立设计的中型护卫舰，其发展过程使中国逐步掌握了现代护卫舰的设计及建造技术，对提高中国水面作战舰艇的设计能力发挥了极为重要的作用。在我国第三代护卫舰已服役的今天，我们再次回首053型护卫舰的发展历程，可以更加清晰地看到中国海军发展过程中的困难和艰辛，同时也更为今天人民海军装备建设所取得的巨大成就感到骄傲。

4.13 053H型导弹护卫舰终极版——053H2G和053H3

作为中国海军第一款按照西方设计理念研发的中型水面舰艇，相较以053K型防空护卫舰为原型设计而来的053H型导弹护卫舰，几乎推倒重来的053H2G型虽然沿用了"053"的型号序列，但其总体设计上与之前的053H型各型护卫舰已无大的渊源。053H2G项目于1987年启动，首舰539号"安庆"舰于1988年12月在沪东造船厂开工建造，1990年6月下水，1992年7月交付东海舰队。

与之前的053H型护卫舰相比，053H2G在总体设计上的一个根本变化是舰船设计队伍已开始尝试将舰船的作战能力、生命力、机动性、隐蔽性、居住性、可用性和经济性等战术技术要求并列为总体设计时的主要考虑因素，力争在尽可能同时满足上述多个要求的前提下，综合权衡并采取相应的设计措施，以确定053H2G的主尺度。因此，最终呈现的是一款具有鲜明西方设计风格的紧凑型护卫舰。

053H2G型护卫舰首舰539号"安庆"舰

053H2G延续了已在053H2上得到过实际使用验证的封闭式中央桥楼舰体结构，这也是二者唯一的共同之处。全舰有两层直通甲板，舰体以钢质焊接制造，舰桥、烟囱、机库等上层建筑采用铝合金以降低重量，为满足搭载直升机等的需要，舰体尺寸适当放大，标准排水量达到2180吨，满载排水量则为2250吨，该型舰也由此成为中国海军第一种超过2000吨级护卫舰。053H2G还是第一款引入了隐身设计理念的中国军舰。其主船体和上层建筑侧壁均采用圆弧设计，以减少全舰的雷达反射面积。

除了采用相同的中央桥楼设计外，053H2G型舰的主动力也继续沿用

053H2G型护卫舰封闭式中央桥楼舰体结构

了与053H2型舰相同的18E390系列柴油机。做出这一选择的理由相当简单且富有说服力——它是当时国内唯一可用的大功率舰用柴油机。在053H2G型舰研发过程中，首次对螺旋桨设计提出了保证效率、降低噪声和脉动压力三者并重的设计目标，最终自行开发出新型的桨叶侧斜的5叶螺旋桨，替换了普遍装备于053型护卫舰的老式3叶螺旋桨，降低了噪声水平。

作为053H2型舰的后续型号，053H2G在论证之初便被定位成一型具备较强综合作战能力的多用途护卫舰，即保持053H系列较强制海能力的基础上，重点提升对空、对潜作战能力。与053H2相比，除了舰体设计变化带来的航海性能提升外，该型舰进一步完善了在053H2型舰上已初具雏形的作战指挥系统，强化了舰载武器。继053K型护卫舰之后首度加装了点防空导弹，副炮改用当时最新定型的76A型双联装37毫米速射炮，并增设了完备的机库、飞行甲板等航空设施。053H2G型舰由此成为第一款在设计之初便拥有直升机搭载能力的中国海军作战舰艇。

其中，作战指挥系统的升级是053H2G型舰体现出的第一项重大进步。053H2G型舰上装备有ZKJ-3C型自

动化作战情报指挥系统，沿用了与053H2型舰上装备的 ZKJ–3A 型战斗数据系统相同的集中指挥、分散控制设计理念，整

053H2G型护卫舰
雷达装备示意图

个系统由三人台、海情台、空情台、反潜台、直升机台、反潜记录仪、对空导弹台、对海导弹台、数据链台、电子战台、无源干扰台等构成，系统分工更加清晰，数据处理能力明显提升。同时，得益于更加优良的总体设计，053H2G型舰在舰载作战指挥系统的布置上有了更大的空间。系统的主要相关设备一部分布置在舰桥，大部分布置在舰桥下首楼舱室内。这种安排使得安装在舰桥和前桅上的传感器信号传输距离最短，有益于改善雷达的波导和缩短缆线传输信号距离，且舰长能够在接近指挥舰桥的位置使用指挥系统，便于指挥和观察航行情况，在系统失效的情况下能够迅速转换为传统方式继续指挥控制舰只。

在设计053H2G型舰时，设计队伍充分借鉴了053H1Q型舰改装计划中取得的技术成果，并针对前期053H1Q型舰在直升机上舰试验中暴露出来的直升机机库布置位置过高，导致舰艇稳定性降低的问题做出了针

对性改进。在053H2G型舰上，直升机库和飞行甲板被下移安排到了主甲板后段，飞行甲板与主甲板融为一体，有效地解决了军舰稳定性下降问题。

除作战指挥系统升级和航空能力趋于实用化这两大进步外，053H2G型舰的防空能力也得到了提升——经过20多年的艰难攻关后，原定作为053K型防空护卫舰主要防空武器的"红旗"-61型点防空导弹和PJ-76式双联装37毫米速射炮分别在1988年11月和1983年正式定型。随后，中国军工部门又在PJ-76基础上，结合引进意大利"布雷达"双联装40毫米速射炮部分技术，进一步发展出采用全封闭炮塔的PJ-76A型双联装37毫米速射炮。该炮与"红旗"-61型点防空导弹一起组成了053H2G型舰的对空武器系统。053H2G型舰在研发过程中放弃了053K型舰上采用的7231型导弹发射装置，取而代之的是6联装箱式发射装置，而这个被安装在053H2G型舰主炮和舰桥间的大型导弹发射装置成为053H2G型舰最明显的外观特征。

由于"红旗"-61导弹没有采用折叠弹翼，导弹以全翼展状态悬定在筒内，因此发射筒的尺寸只能相应放大。发射筒长度超过了4米，直径约1.35

"红旗"-61防空导弹6联装箱式发射装置

米。过大的发射筒进一步压缩了舰空导弹数量，导致装弹数量只有6枚。

受制于薄弱的技术储备，053H2G型舰在选择动力和武器装备等子系统时陷入"有什么用什么"的尴尬局面。纵观053H2G全舰，包括18E390VA型柴油机、"红旗"-61点防空导弹系统、79式双联装100毫米主炮等关键设备均是继承自053K项目的成熟设备，各自的项目启动时间也大都集中在20世纪60年代中后期。

诚然，这些子系统的设计指标在其立项之时都是相当先进的，但当它们真正陆续定型并装备053H2G型舰时，时间已经进入20世纪90年代，因此不可避免地落入了刚服役即落后的尴尬境地。在1994年053H2G型四号舰542号"铜陵"舰交付海军后，该型舰的建造工作随即终止。取而代之的是在其基础上进一步改进而来的053H3型导弹护卫舰。

由于众所周知的原因，曾参与052驱逐舰项目的大多数西方企业在20世纪90年代初陆续终止了与中国的合作，其中包括为该项目提供LM-2500型燃气轮机的美国通用动力公司。因此，052型驱逐舰项目自然也就难以为继，而052型驱逐舰也由此成为同批列入中央专委专管的4个重点武器发展项目中唯一没有成为所在军兵种主战武器的一项。

因此，当052型驱逐舰项目在1996年正式终止时，中国海军须面对一个极为严峻的问题：如何在西方技术援助基本断绝的情况下继续推进陷入停滞的舰队现代化建设。与之前的16年相比，此时中国海军仍以国外先进技术的消化吸收作为舰队升级核心动力的路线，但是主要的技术来源开始由西方国家转向了以俄罗斯为代表的多个原苏联加盟共和国。

1996年，作为053H2G升级改进版的053H3型首舰521号"嘉兴"舰在沪东造船厂铺下了龙骨。"嘉兴"舰的开工拉开了053H3型大规模建造工作序幕，自1996年首舰"嘉兴号"开工到2002年下半年8号舰"襄樊号"服役，中国海军在短短6年间建造并装备了8艘同型舰，甚至在新一

053H3型护卫舰
首舰521号"嘉兴"舰

代054型护卫舰已经交付海军后，中国海军又继续建造了2艘053H3型护卫舰。

053H3型护卫舰的主要技战术性能与053H2G型舰相比并无大的突破，只是在原有的基础上改进了舰载武器系统，并对舰上的部分传感器进行了升级，为适应这些变化，部分舰体设计也做了改动。与053H2G型舰相比，性能不佳的"红旗"-61被仿制自法国"海响尾蛇"点防空导弹系统的"海红旗"-7所取代。此外,具备超视距攻击能力的新一代国产反舰导弹系统替换下了053H2G型舰上装备的"鹰击"系列早期型号，舰体后部2门PJ-76A型双联装37毫米速射炮的安装位置由机库两侧改为机库上方，解决了053H2G型舰上该炮因受安装位置限制导致后部射界差的问题。

纵观053H3全舰，除了防空能力的有限改进外，各项性能都与053H2G型舰大同小异，而它之所以能成为

"海红旗"-7防空
导弹

中国海军在1996年到2006年十年间唯一一型投入批量建造的护卫舰，是因为新型驱逐舰开发工作进展迟缓，而053H3型护卫舰是这个时期中国海军维持舰队规模和基本战斗力的唯一选择，尽管性能上有各种局限，但053H3型舰还是与更早的4艘053H2G型舰撑起了中国海军水面舰队的门面，053H3型护卫舰为海军新一代驱逐舰和护卫舰的研发赢得了必要的时间。几乎是在053H3项目启动的同时，中国海军已开始描绘新一代国产护卫舰的蓝图，并最终演化为1999年开工的054型护卫舰。

4.14 跨时代的054/054A型隐形导弹护卫舰

054型护卫舰的出现脱离不了其特定的政治、军事环境。20世纪90年代中后期中国海军的水面部队远远落后于台湾方面海军。仅从台海范围遏制"台独"的军事要求来衡量，解放军海军当时的一线主力舰艇无论是数量还是性能都处于劣势。正是在这种情况下，海军加快了从俄罗斯引进"现代"级驱逐舰、"基洛"级潜艇以及大量相关武器和电子设备的步伐。也加速了新一代驱逐舰和护卫舰的研制，要求新舰拥有现代作战能力的中远程舰载防空导弹系统、新一代反舰导弹系统、全新的近程反导和反潜系统、目标探测和通信系统等，在技术水平和作战性能方面全面压制台湾方面海军各型驱护舰。此外，海军还要其具有在近海海域抵御外部军事干预的能力，这就要求新型驱护舰的吨位、尺度都要增加，以满足新型技术装备安装上舰和具备在远海进行高强度作战的要求。

在这个大背景下，20世纪90年代末054型导弹护卫舰便应运而生。虽然它较053H型护卫舰有了翻天覆地的变化，平台、舰载武器、电子设备可以满足2020年前海军作战的各项要求，但总体上还是受到技术条件的限制，一些方面还显得较为保守。很多子系统的研制工作还没有最终完

054 型导弹护卫舰首舰 525 号"马鞍山"舰

成。为了填补这个空白期，也为了给新型武器的研制留出更多的时间，中国海军首先建造了 2 艘简化版的 054 型护卫舰，舰上的雷达、武器系统 80% 与053H3 型护卫舰相同。虽然仅换装了少量新型武器和电子设备，如100毫米舰炮、630 近防炮、反潜鱼雷等，但舰体平台进行了全新设计。为提高远洋作战能力和适航性，舰体采用了长艏楼甲板、方艉舰型，不仅可以保证更大的内部空间，有利于舱内武器和设备的布置，同时也使平台具备了更强的稳定性和耐波性，保证了其在远海及恶劣海况条件下的航行能力。

054 型护卫舰的满载排水量也由053H3 型的 2000 多吨增加到3500 吨左右，舰内燃油及各种生活补给品的携带数量有所增加。比较充足的内部空间也极大地改善了舰员的居住、生活和工作条件，并且通过增加一些必要的舱室，使其长期在海上执行任务的能力大为增强。

054 型护卫舰在舰体隐身设计上相对于此前中国海军的各型护卫舰都有了十分明显的变化。该型舰采用了十分低矮的上层建筑，侧壁采用内倾设计，主、后桅也首次采用塔形多面式设计，而且后桅巧妙地与烟囱设计为一体，极大地简化了舰面布局；外露的救生艇及反潜鱼雷发射器也都被布置在舰体内部，并用金属遮蔽帘遮盖；舰艇的防浪板采用了外飘式设计，可以在一定程度上减小甲板上浪的程度，还可对舰艇布置的锚机、系缆桩等形成有效遮挡，避免这些外露设备反射雷达波束。

054型护卫舰简洁的桅杆及雷达天线

从整体上看，054型护卫舰的设计十分新颖，外部特征与欧洲新一代护卫舰非常类似，功能更为完整，体现了中国在中型军用舰艇设计能力方面的巨大提升。而该舰的动力装置相对于此前研制的护卫舰并没有什么不同，仍然选用4台传统的柴油机。而接近30000马力的输出功率对于不到4000吨的054型护卫舰来说也基本可以满足需要，可保证最高航速达到27—28节的水平，与采用全燃动力装置的新一代驱逐舰最高30节的航速相差并不大，两者编队协同作战时不会因航速的差异出现太大的问题。

而在续航力方面，054型较上一代053H3型护卫舰也有了明显提高，它以18节的巡航速度航行时续航接近4000海里，航速降到15节时可进一步增加到5500海里左右。相比之下，053型护卫舰在相同条件下只能达到2900海里和4200海里，这可使054型护卫舰更有效地执行远海作战任务或者拥有更长的海上巡逻时间。

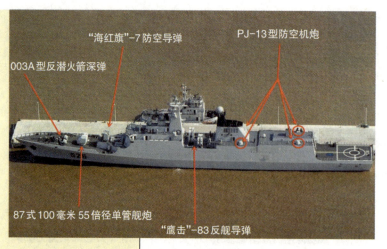

"海红旗"-7防空导弹　　　PJ-13型防空机炮

003A型反潜火箭深弹

87式100毫米55倍径单管舰炮

"鹰击"-83反舰导弹

054型护卫舰的武器配置

不过，相对于053H3型护卫舰，054型护卫舰只是在平台性能方面有了巨大变化，而在武器装备的选择上，则与053H3型上安装的舰空导弹和反舰导弹完全相同。所以，这个型号只能作为一种过渡型号，主要作用是增强全状态的054A型护卫舰出现前水面舰艇力量的实力，并检验平台的性能。

当然，这个时间并不长。到2003年前后，有关054A型全状态护卫舰的一系列相关武器、设备的研制和测试工作先后完成，批量建造工作已经万事俱备。当时间进入2004年，全状态的054A型护卫舰在中国沪东、黄埔两个船厂开工建造，并且以每年至少2艘的速度进入了量产。这不仅使中国海军护卫舰进入了一个全新的发展阶段，同时也标志着长期制约中国海军大、中型水面舰艇发展的一系新技术、新武器获得了全面突破。与新中国成立后研制的其他护卫舰相比，054A型护卫舰获得了历史性的突破。

054A型护卫舰的吨位进一步增加到接近4000吨，内部容积更大，不仅超过053H3型护卫舰1倍以上，也比第一代051型驱逐舰高出很多，甚至比2艘过渡的054型护卫舰也多出了不少，能更好地适应新型舰载武器的安装和使用，成为中国海军有史以来建造吨位最大的一型护卫舰。

054A型护卫舰的主要功能和定位是用于舰队区域防空及反潜，并兼顾对海打击。而中程防空和反潜能力长期以来都是中国海军最薄弱的领域。但在"海红旗"-16导弹装备上舰后，一改中国海军在人们脑海中区域防空能力薄弱的印象。

"海红旗"-16中程舰空导弹是在引进的"现代"级驱逐舰上装备的SA-N-7/12中程舰空导弹基础上研制的。而在弹体及雷达设备的制造工艺、电子技术等方面

054A型首舰"徐州"舰已完成电子探测系统和武器装备的安装

则采用了国内自行研制的数字化设备。同时，针对海上防空作战的特点和需要，"海红旗"-16在发射方式、制导模式、通用化程度等方面得到了较大改进，整体技术水平更高，通用性更强，未来发展的潜力也更大。

"海红旗"-16的发射方式改为了垂直热发射，以1枚导弹为1个模块，发射装置的结构设计与美国海军大量装备的MK41垂直发射装置类似，可以根据作战任务的需要进行任意组合，最高发射速度可以达到1发/秒，而SA-N-7/12的单臂发射装置最高只能达到4秒发射1发。由此可见，"海红旗"-16可更有效地应对现代大量

第4章 新中国"双剑"群英录

054A型护卫舰垂直发射"海红旗"-16防空导弹

空中目标的"饱和攻击"。

为了适应发射方式的变化，"海红旗"-16导弹在尾部增加了推力转向装置，以便使导弹在发射后能根据目标方向进行程序转弯，具备全向拦截能力。导弹的射程在1.5—40千米左右，对低空反舰导弹的拦截距离超过12千米，最大飞行速度3.5马赫，导弹采用了成熟的主动雷达制导方式，在配备多座目标照射雷达后即可具备多目标拦截能力，这些都与SA-N-7/12类似。

054A型护卫舰上装备4组发射模块，每组8个发射单元，共32个发射单元。如果以2枚导弹拦截1个目标来计算，054A型护卫舰可以进行16次拦截作战，为舰队构成一道10—30千米远的防空网，这对于一型排水量不到4000吨级的护卫舰来说，无论是拦截数量还是防空效果都已经非常可观了。可以说，长期困扰中国海军的中程防空问题得到了彻底解决。

054A型护卫舰的反潜作战系统可以分为探测和打击两个部分，其中前者由舰艏中频声呐和尾部的拖曳式线列阵低频声呐构成；后者则由反潜火箭、反潜鱼雷、反潜导弹以及反潜直升机构成。从这些系统的配置和类型上可以看出，054A型护卫舰的作战系统是比较完善的，可以在中、近海对现代高性能潜艇进行有效的反潜探测和打击作战，这方面一点不比国外同类型专用反潜舰艇差。

054A 型护卫舰舰艉的 32 单元垂直发射系统

而在 2015 年最新服役的 2 艘 054A 型护卫舰上，人们发现其舰艉的声呐设备又有了新的变化。出现了 1 个 1 米见方的舱门，内部应该安装了全新的主动阵列声呐拖体。配备这种采用主动工作方式的低频声呐是近些年反潜舰艇出现的新变化，其主要目的就是更有效地应对现代高性能低噪声潜艇。

054A 型护卫舰所配备的对潜打击武器是目前中国各型水面作战舰艇中技术最先进、功能最完善、打击效果最理想的。特别是舰上的垂直发射装置在使用

054A 型护卫舰尾部开口处

"海红旗"-16 中程舰空导弹的同时还可兼容发射反潜导弹，这无疑是 054A 型护卫舰整个武器系统中最大的亮点。

除此之外，054A 型舰的其他武器系统

和电子设备也进行了全面升级。像054型护卫舰上装备的单管100毫米舰炮换成了适应能力更强的单管76毫米舰炮；俄制630近防炮换成了反导能力更强的国产730近防炮；对空雷达由轻型搜索雷达换成了远程三坐标雷达；电子战和指挥控制系统也更为完善。可见054A型舰相对于054型护卫舰不仅仅是型号改变这么简单，实际上已经有了脱胎换骨的变化，具备了西方现代反潜护卫舰的全部特点，同时在中程防空方面还处于领先地位。中国海军对其各方面性能非常满意。在其批量服役后，实际上取代了各舰队中051型驱逐舰和053型护卫舰的作战任务。通过入役后的训练使用和索马里护航任务情况来看，054A型护卫舰称得上是新中国海军成立以来所发展的性价比最高的一型护卫舰，并且和大量入役的052C型、052D型乃至即将入役的055型万吨驱逐舰，将一同构成未来中国海军航母的护航主力。

4.15 近海防卫利器——056型轻型导弹护卫舰

2012年5月23日，中国海军新一代轻型护卫舰在沪东中华造船厂悄然下水。10天后，黄埔造船厂建造的同款轻型护卫舰也顺利下水，这不仅标志着新一代轻型护卫舰的建造已经开始，同时也预示着中国海军近海防御力量以及装备结构将会发生新的变化。中国海军主战装备的使用也将更为合理、高效。其所发挥的重要作用和意义将会对中国海军未来装备建设及战略转型产生积极而深远的影响。

056型轻型护卫舰最早被外界所知是在2010年11月4日驻香港部队副司令员王郡里少将率领几十名官兵到香港大学进行交流、参观，其间王副司令员还代表驻港部队向香港大学赠送了一艘精美的军舰模型。从那时起，这种全新的轻型护卫舰就开始引起了众人的关注。随着广东、上海两地的056型轻型护卫舰的陆续下水，该型舰已经由模型成为现实，更多的细节也逐步明朗。

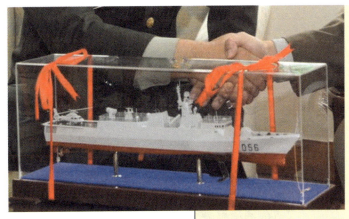

2010年的056型轻型护卫舰模型

进入21世纪后，中国海军的新一代水面舰艇的设计走出了几十年仿制、参照苏式风格的循环，在融入各国现代军用舰艇设计成为一体之后，具有中国特色的设计风格已经成形。作为新一代的轻型护卫舰，056型同样继承了这种特点，仅从外观上就给人一种简洁、清爽之感，而这种设计也是世界水面舰艇设计的总趋势。

作为一种轻型护卫舰，056型舰的平台并不大，满载排水量约为1500吨，舰长在90米左右，比2000多吨的053型护卫舰短了20多米，舰宽10米左右，吃水3.7米，长宽比为9，这是在保证高速性的前提下在稳定性、耐波性等方面比较适合的参数。同时在艇体水线中部还设置有固定式减摇鳍，从而保证了平台在高海况条件下航行的稳定性。

056型轻型护卫舰全貌

舰体采用了常规单船体全封闭、高干舷设计，舰艏

设有整体式舷墙，一直延伸到舰桥，既增强了对舰各甲板裸露设计的遮蔽，还进一步减少了高海况条件下的甲板上浪。舰体两侧侧壁呈向内倾斜状，以便减弱对雷达波束的反射，提高雷达隐身性，舰上的桅杆、烟囱的侧壁也采用内倾设计，救生艇和工作艇全采用内藏式设计，外部由可收放式卷帘门与舰体融为一体。舰体的尾部设置了一块长度超过20米的直升机起降平台，可以满足中国海军目前主力舰载机直-9直升机和引进的卡-28反潜直升机的起降要求，但舰上并没有设置直升机机库。

056型舰虽然采用了常规线型，但其水下部分采用了很多高速舰艇型才采取的措施和设计，如舰艏下设置了圆形球鼻艏，舰体两侧设置了占全舰长70%的压浪折线，尾部也设置了圆形压浪板。这些都是为了降低高速航行状态下的航行阻力、提高螺旋桨推进效率、减少燃油消耗而采取的措施，这也从另一个侧面说明056型舰的高速性是一项很重要的技术指标。

而从其烟囱的形状和排烟口来看，056型轻型护卫舰的动力装置仍为全柴动力驱动2具5叶大侧斜螺旋，加上各种减阻措施的使用，056型舰的最高航速可达到30节，在没有采用更高级的动力系统的前提下获得这个航速，对于满载排水量达到1500吨的平台来说已非常理想了。

总体上056型轻型护卫舰的舰体设计走的是成熟、够用的设计理念，既没有为吸引眼球而采用更多的超前设计，也没有为降低成本而显得特别平庸，在满足基本作战要求的前提下，其平台在各方面的设计已经可以满足任务需求，同时对于未来的改进、改型也留有足够的空间和余地，其平台性能要比只有400多吨的037型猎潜艇、037Ⅱ型导弹护卫艇好很多，无论是续航力、航行能力、高海况条件下的适应力和自持力、舰内空间等都由于尺寸和吨位的大幅度增加有了质的提高，即使与2000吨级的053型护卫舰相比除吨位较小外其他方面仍然具有优势。因此，056型轻型护卫舰的平台完全可以满足在近海执行各种作战任务的要求，同时较好的试航性也使其具备了一定的远海航行能力，即使在距离较远的南海海区也可以很好地胜任所担负的作战任务。

作为一种近海使用的轻型护卫舰，056型舰所担负的任务并不像大中型驱、护舰那样需要面对各类高危险性目标。加之在成本方面的考虑，其舰载

舰艏的76毫米主炮发射炮弹

武器的选择也只做到了够用即可。在舰艏，056型轻型护卫舰装备了1座已在054A型护卫舰上大量使用的单管76毫米自动舰炮，射速达到25发/分，最大射程超过16千米，具备全自动、半自动、全手动操纵模式，同时其较高的射速和较大的仰角赋予了其较强的对空射击能力。与100毫米舰炮相比，更适合在中型舰艇上使用。

056型轻型护卫舰在副炮的选择上并未使用老式的37毫米口径舰炮，而是在舰桥后部两舷各安装了1座单管30毫米全自动舰炮，这种舰炮是中国在经过3年多亚丁湾护航后为满足后勤保障船增加自身防御能力而研制的一种全新小口径舰炮。其自身具备独立的光学探测跟踪系统，具有白光、红外、激光测距能力，可以在昼夜间对5千米外的海上、空中目标进行探测、跟踪。火炮最大射程超过5千米，有效射程在3千米左右，射速三级可调（120发/分、350发/

单管30毫米全自动舰炮

分、720发/分），可以根据不同任务的需要进行选择。这也符合其主要担负低烈度海上冲突及民事海上执法的定位要求，也从另一个侧面反映了056型轻型护卫舰所担负任务的种类和强度。该型舰在舰体中部交叉布置了2座双联装反舰导弹发射架，导弹发射箱采用单纵列上下排列，导弹型号是中国海军目前驱、护舰上大量使用的"鹰击"-83中程反舰导弹，其超过150千米的射程可以对所有大、中型水面舰只构成威胁，足以满足正常的远距离对海打击的任务要求。

在舰载武器方面，056型轻型护卫舰最大的亮点就是装备了轻型反潜鱼雷和新一代舰载点防空导弹系统，这无疑赋予了其更强的执行多任务的能力和自身生存能力。在舰体后的上层建筑中布置的2套3联装反潜鱼雷发射装置，在一定程度上说明近海反潜也将是056型轻型护卫舰的一项比较重要的任务，相对于037型猎潜艇而言已经有了巨大的进步，对潜打击范围由3千米增加到近10千米，对高性能潜艇的打击精度也提高了十几倍。最值得一提的是位于后上层建筑上的新型8联装近程舰空导弹，从发射装置的外形和导弹发射箱的尺寸分析，应是中国新一代FL-3000N舰载防空／反导系统的一种改型。

FL-3000N是中国

FL-3000N防空导弹发射装置

研制的第二代舰载防空反导系统，主要用于拦截近距离高机动空中目标及各种超音速、亚音速掠海反舰导弹，用途和性能与美国海军装备的"海拉姆"舰空导弹系统类似。该型舰空导弹最大射程为10千

FL-3000N导弹

米，对低空反舰导弹的拦截距离超过5千米，是传统多管反导舰炮的3倍，其最大飞行速度超过2马赫，采用被动射频、红外成像和全程自主红外成像两种制导模式，可实现导弹自主跟踪、自主发射，具备发射后锁定目标及同时拦截多个目标的能力，对采用主被动及光学制导系统的反舰导弹单发拦截成功率超过85%，双发时则超过98%。目前这种全新的反导弹系统已经有了18联装和24联装两种发射装置。8联装发射装置显然是一种"简化"版，其目的就是减轻发射装置重量、降低成本，提高舰体平台的适装性。而吨位超过2000吨的053H3护卫舰也只配备了一座8联装"海红旗"-7舰空导弹发射装置，因此056型轻型护卫舰整体防空、反导能力与053H3型护卫舰相当。

056型轻型护卫舰的雷达系统配置相当简洁，舰上的武器系统自动化程度大为提高，一些武器并不需要舰上配置额外的雷达、火控系统就可以独立工作。因此舰上装备的雷达系统非常少，其中主桅安装了1部改

进型二坐标对空／对海雷达，其探测距离大于100千米，可以用做舰上反舰导弹和防空导弹的目标探测、跟踪及目标指示、引导。其他设备还包括1部349型火控雷达用于单管76米舰炮的火力控制，1部多通道光电探测系统作为火控雷达的备份，1部红外警戒系统、1套主动电子侦察／干扰系统、1部导航雷达及1部直升机导引雷达和1部卫星通信系统等。

　　日本外交学者网站2016年11月4日援引《简氏防务周刊》报道，中国海军第40艘056型轻型护卫舰于10月28日在广州黄埔造船厂下水。从中可以看出，通过短短4年的使用时间，海军对其各方面的性能还是比较满意。并且，随着中国周边海域敏感度的提升，056型轻型护卫舰的使用成本和效果也优于海军的其他大型水面舰只。因此，40艘056型护卫舰不只是结束，而是一个新的开始。